J I A N G X I N O R M A L U N I V E R S I T Y

江西师范大学博士文库专项资助成果

企业的环境管理能力与企业绩效关系的理论与实证研究

QIYE DE HUANJING GUANLI NENGLI YU
QIYE JIXIAO GUANXI DE LILUN YU SHIZHENG YANJIU

黄仕佼 著

中国社会科学出版社

图书在版编目（CIP）数据

企业的环境管理能力与企业绩效关系的理论与实证研究/黄仕佼著．
—北京：中国社会科学出版社，2018.2
（江西师范大学博士文库）
ISBN 978－7－5161－9780－6

Ⅰ.①企…　Ⅱ.①黄…　Ⅲ.①企业环境管理—关系—企业绩效—研究　Ⅳ.①X322②F272.5

中国版本图书馆 CIP 数据核字(2017)第 018797 号

出 版 人　赵剑英
责任编辑　郭晓鸿
特约编辑　席建海
责任校对　刘　娟
责任印制　戴　宽

出　　版　中国社会科学出版社
社　　址　北京鼓楼西大街甲 158 号
邮　　编　100720
网　　址　http://www.csspw.cn
发 行 部　010－84083685
门 市 部　010－84029450
经　　销　新华书店及其他书店

印刷装订　北京君升印刷有限公司
版　　次　2018 年 2 月第 1 版
印　　次　2018 年 2 月第 1 次印刷

开　　本　710×1000　1/16
印　　张　13.5
插　　页　2
字　　数　201 千字
定　　价　58.00 元

目　录

第一章　导言

第一节　问题的提出

从国内外相关理论研究成果来看，企业环境理论产生于20世纪60年代，是随着开放系统理论和权变理论的产生而发展起来的，它得到了西方组织理论学家、管理学家、经济学家和社会学家等多方学者的关注，并形成了众多的理论流派。该理论重点解决的是企业与环境之间的相互作用关系问题。国内在企业环境的理论研究中，最具典型性的是赵锡斌教授（2007），他从系统理论的视角出发，把企业环境作为一个整体，进行了系统深入的研究，并构建了企业环境与企业绩效关系的一般理论模型。

企业能力理论是20世纪90年代发展起来的一种新兴理论，其概念是由理查德森（Richardson，1972）首先提出的，他认为企业能力就是企业的知识、经验和技能。此后，许多学者又在此基础上从多方面研究了企业能力并形成了不同的概念和观点，如企业竞争力、核心能力、组织能力和动态能力等。

而以上述两大理论基础研究企业绩效问题的研究也有不少，并取得了不少研究成果。例如，基于企业环境理论基础研究企业环境管理与企业绩效关系的相关文献有：Olson（1965）；Buchanan，Tollison，Tullock（1980）；Tollison（1982）；Becker（1983）；Marcus Dejardin（2000）；Mar Fuentes-Fuentes（2004）；Edelman Brush（2005）；等等。基于企业能力理论基础上研究企业能力与企业绩效关系的相关文献有：Conner（1991）；Kogutandzander（1992，1996）；Conner，Prahalad（1996）；等等。

但本书通过对文献的研究后发现：首先，对于企业环境管理与绩效关系的研究，多集中在企业环境子环境或局部环境对企业绩效影响方面，很少从环境整体性的角度对企业环境管理与企业绩效关系问题进行深入研究与探讨；其次，所有关于企业绩效问题的研究，都是在基于企业环境理论或企业能力理论的各自独立的理论基础上进行，并没有把企业环境理论与企业能力理论相结合，从企业能力的角度探讨企业对环境的管理能力与企业绩效关系的研究，此类研究可以说目前还是一个空白。因此，本书正是基于这个研究上的空白，提出研究设想，并且也认为通过不同理论学派之间的相互借鉴与结合来研究企业问题，是今后企业管理理论发展的方向之一。

所以，本书拟改变目前对企业绩效问题研究的思维定式，以创新性的研究思想，把企业环境理论与企业能力理论结合起来，从企业能力与环境整体性的角度深度探讨与研究企业对环境的管理能力与企业绩效之间的关联性问题，为企业管理理论的研究提供一种新的思路。同时，本书也期望通过研究发现企业的环境管理能力与企业绩效之间的一般关系，为提高企业的环境适应能力、环境控制能力或驾驭环境的能力，从而提高企业绩效，提出积极的可操作性建议。

第二节　本书的研究意义

一个企业的投资收益水平不仅与它的商业模式相关，而且与这个企业所具有的环境适应能力相关。比较而言，后者的影响将更加重要和深刻。对企业来说，盈利能力永远是衡量它们成功与否的最重要的标准。当一个企业的环境适应能力很差的时候，它往往不能根据市场的发展和变化及时地调整自己的行为。我们要求企业的行为与企业所处的环境匹配才能获得较高的企业收益。所以，企业对环境的管理能力就显得尤为重要。

近几年，我国对企业的环境管理倍加关注，本书在借鉴各学者优秀研究成果的基础上，拟以我国企业环境管理行为的研究对象，探讨影响企业进行环境管理的驱动因素，研究企业环境管理能力与企业绩效之间的相互关系。

就理论意义而言，目前国内学术界关于企业环境管理能力的研究较少，本书尝试将企业环境理论与企业能力理论结合起来，研究企业环境管理能力，可丰富或扩展企业能力研究的内容。并且，环境日益成为企业管理中的一个重要因素，企业环境是当前管理学界日益关注的新方向。但是目前现有的研究尚处于概念探讨和机理演绎层面，研究方法多为定性讨论，缺乏实证数据的支撑。本书在研究问题和视角的选择上有助于推进该领域研究的深入，具有一定的理论开拓性。

就现实意义而言，在当前经济全球化背景下，企业都不可避免地受到环境的影响，对企业的环境管理能力进行研究，有利于企业更好地对环境进行管理，从而规避环境变化给企业带来的冲击，这对实现企业环境管理能力的提升及提升企业绩效具有重要的现实意义。因此，本书在研究企业环境管理能力的基础上，进一步研究了企业环境管理能力与企业绩效的关系，可为企业培养和提升企业环境管理能力，进而提高企业绩效，提供理论支持和实践参考。

第三节　研究思路与主要研究内容

一　研究的基本思想

企业组织各有不同，但都具有一个共同特征：将投入转为产出。这种转变过程是在企业内、外部因素影响公司及其活动的背景下发生的。企业环境要素的复杂、不确定性，以及其间的相互影响都对企业存在巨大影响。本书在企业环境理论与文献研究的基础上，从环境整体性的角度把企业环境划分为可控环境与不可控环境两个方面。

由于环境自身的特性，每个企业在某种程度上有其独特的运行环境，而且环境又以独特的方式影响它。所以，其独特性决定了对于不可控环境影响企业的不可预测性和难以测量性。所以本书着重就可控环境影响企业绩效的方式进行研究。本书非常赞同赵锡斌教授的“企业与环境相互影响论”的观点。其核心观点认为环境影响企业，企业影响环境、操纵环境。所以，本书从企业对环境的管理能力入手研究企业绩效的问题，即“不可控环境—企业对环境管理能力—可控环境—企业绩效”这个路径进行研究（图 1 - 1）。这也是本书选题的重要原因。

在企业经营过程中，无论企业有多么高超的整合技巧，都需要企业具有相应的能力作为基础，企业绝不能忽略了企业管理能力的提升。要使企业产出更好的绩效，就要对企业环境进行有效的管理。因此，本书提出将企业的不可控环境通过管理逐渐向可控环境方向发展，使得这些环境要素真正发挥它们的作用，促进企业发展。

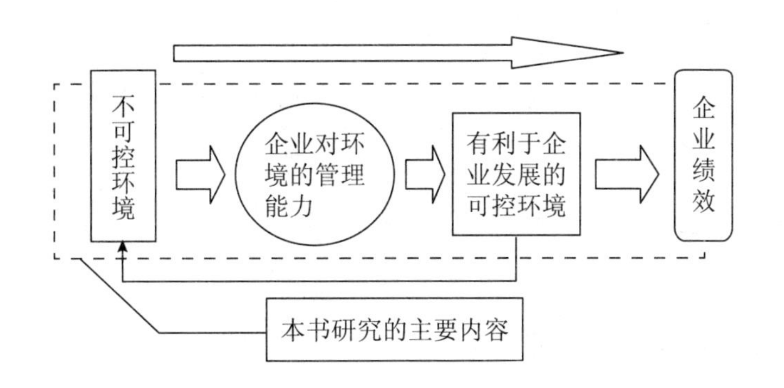

图1-1　本书研究的基本思路

二　主要内容

本书共分为八章内容，分别为：

第一章，导言。主要介绍本书所要研究问题的提出、问题的背景、问题的理论意义与现实意义，以及研究问题的方法、技术路线、结构框架和可能创新之处。为本书的进一步研究指出了基本的思路与方向。

第二章，相关理论与文献研究。在这一章中首先对企业与环境关系的相关理论，包括权变理论、种群生态理论、资源依赖理论、商业生态系统理论等做了一个简要的概述，并就这些理论进行了一个不同理论学派的比较。其次，对企业能力理论做了相关的研究，包括资源基础理论、核心能力理论、动态能力理论、企业知识基础理论等做了一个简要的概述，并就这些理论进行了比较研究。再次，本章就国内外对企业环境管理能力与企业绩效影响关系的文献，包括对环境或企业相关能力对企业绩效产生影响的相关文献进行了梳理与述评。最后，归纳总结了企业环境管理能力影响企业绩效的一些相关研究成果及研究方法等方面的研究现状。

第三章，企业的环境管理能力与企业绩效关系。本章从环境的概念及内涵入手，首先研究与分析了企业环境的一些相关概念及国内外不同学者对企业环境的不同分类方法，并对这些企业环境的分类方法做了简要的比较研究。在简要的比较研究基础上，本书并采用了国外学者伊恩·沃辛顿对企业环境划分维度的观点，将企业环境分为企业的背景环境和运营环境两个子环境概念。并在确定了企业环境维度的划分方法后，定义了企业环境管理能力，即企业通过自身的有效管理将自身不可控环境转化为适合自身经营发展的可控环境的能力。最后，在本章节的最后，通过分析、总结和概括对以上诸多要素、维度的确定与划分，提出了企业环境管理能力（转化能力）与企业绩效关系的概念模型。

第四章，研究假设与设计。针对本书所研究的企业环境管理能力与企业绩效关系问题，本章建构了企业环境管理能力与企业绩效关系的理论概念模型，并提出了相关的研究假设，确定了总体研究框架和总体研究框架下的研究思路。

第五章，实证分析。本章对本书提出的研究假设进行检验。首先从问卷的设计、数据的收集等方面介绍了本书所采用的实证研究方法。然后对收集的样本进行描述性统计和信度与效度的检验。本书利用常用的实证分析方法及 SPSS 17.0 和 AMOS 17.0 等分析软件对理论假设进行检验。从描述性统计可以看出本书的样本主要集中在湖北、江西、湖南等地，从调研企业的性质来看，可以知道被调研企业大部分都是国有企业和中小型的民营企业，它们在整个样本中占的比重比较大。

第六章，实证结果分析与讨论。本章主要对上一章中实证分析的结果进行系统化的分析，运用结构方程模型的方法建模分析企业环境管理能力（转化能力）及其子环境要素管理能力（转化能力）与企业绩效关系的相互作用关系问题，对前面章节中的假设进行理论检验，并对所得出的结果做了具体的分析。

第七章，案例分析。本章主要通过对有代表性的企业的实地调研访谈和案例研究，分析和研究这些企业在发展与成长过程中的企业环境管理行为对企业绩效影响问题。通过该企业在发展过程中的实际案例，结合前面章节中的实证研究结果，说明企业对环境的管理能力与企业绩效间的相关性影响。

第八章，研究结论与展望。本章是全书的总结性章节，重点对本书的研究内容及结果进行概述，并提出相关的建设性意见，以及本书的研究缺陷及后续研究工作的方向和建议。

本书结构如图 1－2 所示。

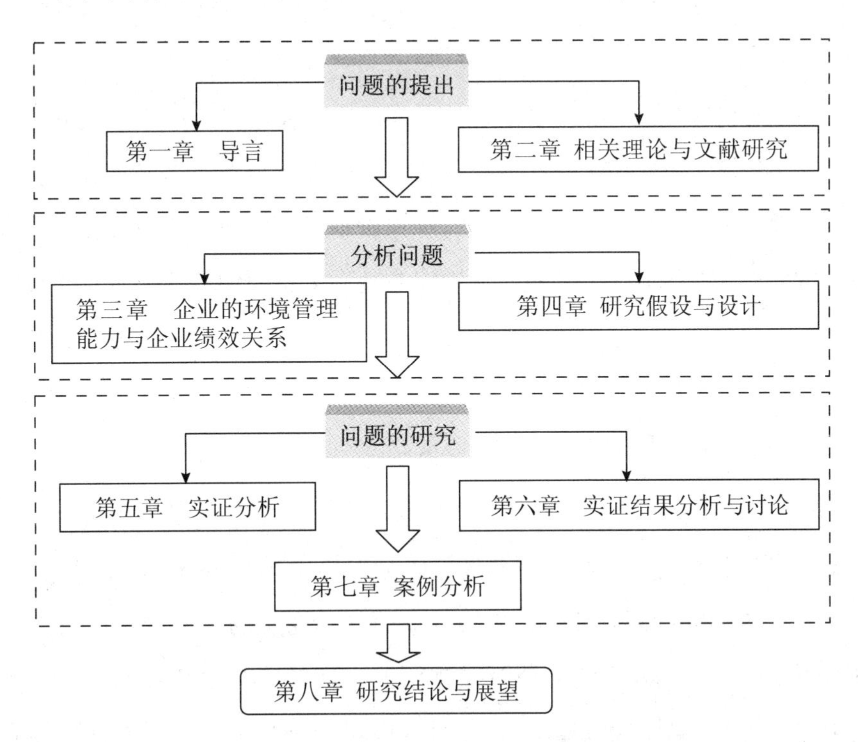

图 1－2　内容安排和逻辑结构归纳

第四节 主要研究方法与技术路线

一 本书主要研究方法

本书主要是对企业的环境管理能力与企业绩效之间的关系问题做了实证研究，采用的主要研究方法有理论与文献研究、实证分析研究、实地调研访谈分析等研究方法。还运用了相关性分析、方差分析、结构方程统计分析等数学统计方法。本书研究具体的方法和数据来源主要有以下几种。

1. 文献研究

企业环境管理能力与企业绩效关系的研究涉及了诸多的学科领域。如管理学、经济学、环境工程学等。这些学科的一些最新研究成果都为企业环境管理与企业绩效影响关系问题的研究做出了重要的理论与实证上的铺垫。本书首先在对以往国内外文献研究的基础上，归纳和总结企业环境管理能力（包括企业环境各个子环境管理）与企业绩效关系的相关研究成果，尤其是企业环境管理理论的相关研究成果，提出了企业环境管理能力与企业绩效关系的理论模型及相关假设。

2. 实证研究

从实践上来说，企业的环境管理能力对企业绩效影响的关系研究也具有一定的现实意义，对于大多数企业而言，企业的环境管理能力还是相对陌生的，但是其影响力却越来越明显，这是现今大多数企业在市场竞争环境中所逐渐意识到的。本书通过比较，研究了我国不同性质的企业的环境管理能力，通过不同性质企业的企业环境管理能力的差异，比较其对企业绩效的影响，验证我国企业经营活动中企业环境管理能力对企业绩效影响的重要作用。并且，本书在研究了国内外理论与文献的同时，从企业的环境管理能力视角出发，通过发放大量的问卷、对企业高层访谈及统计分析方法的应用对我国企业的环境管理能力与企业绩效影响的关联性等问题进行了实证研究。

3. 统计分析

本书主要运用文献研究的方法构建了企业的环境管理能力与企业绩效影响关系的研究框架，通过充分运用内容分析法、相关性分析法、多元回归分析法及结构方程分析法等统计方法，找出研究框架中各变量之间的因果或相关性联系，力求更多地用实际数据来分析其中的内在规律性，使得理论分析和描述建立在对可靠实际数据进行统计分析的基础之上。虽然从实际的角度出发，研究企业环境管理问题的难度很高，从企业中获得的统计与分析数据并不全面，但是对于这方面的研究十分必要。所以，本书在通过对我国不同类型、不同规模、不同性质企业的调研、访谈基础上，运用 SPSS 17.0、AMOS 17.0 等分析软件对我国企业的企业环境管理的有效性及企业环境管理能力与企业绩效关联性问题的调查问卷进行数据分析与处理，验证本书所构建的企业环境管理能力与企业绩效关系模型中所提出的相关假设。

二　本书主要研究路线

本书的基本研究框架是从企业不可控环境与企业可控环境之间的转化关系的研究开始，围绕企业环境管理能力（转化能力）与企业绩效的关联性研究的基础上展开与开展的。本书按照图 1－3 所示的关于企业环境管理能力（转化能力）与企业绩效关系研究的技术路线，将本书的主要结构与内容的安排进行归纳。如图 1－3 所示，本书将从理论上分为四大部分：第一部分即问题的提出部分，它包括第一章“导言”和第二章“相关理论与文献研究”；第二部分即问题的分析部分，主要包

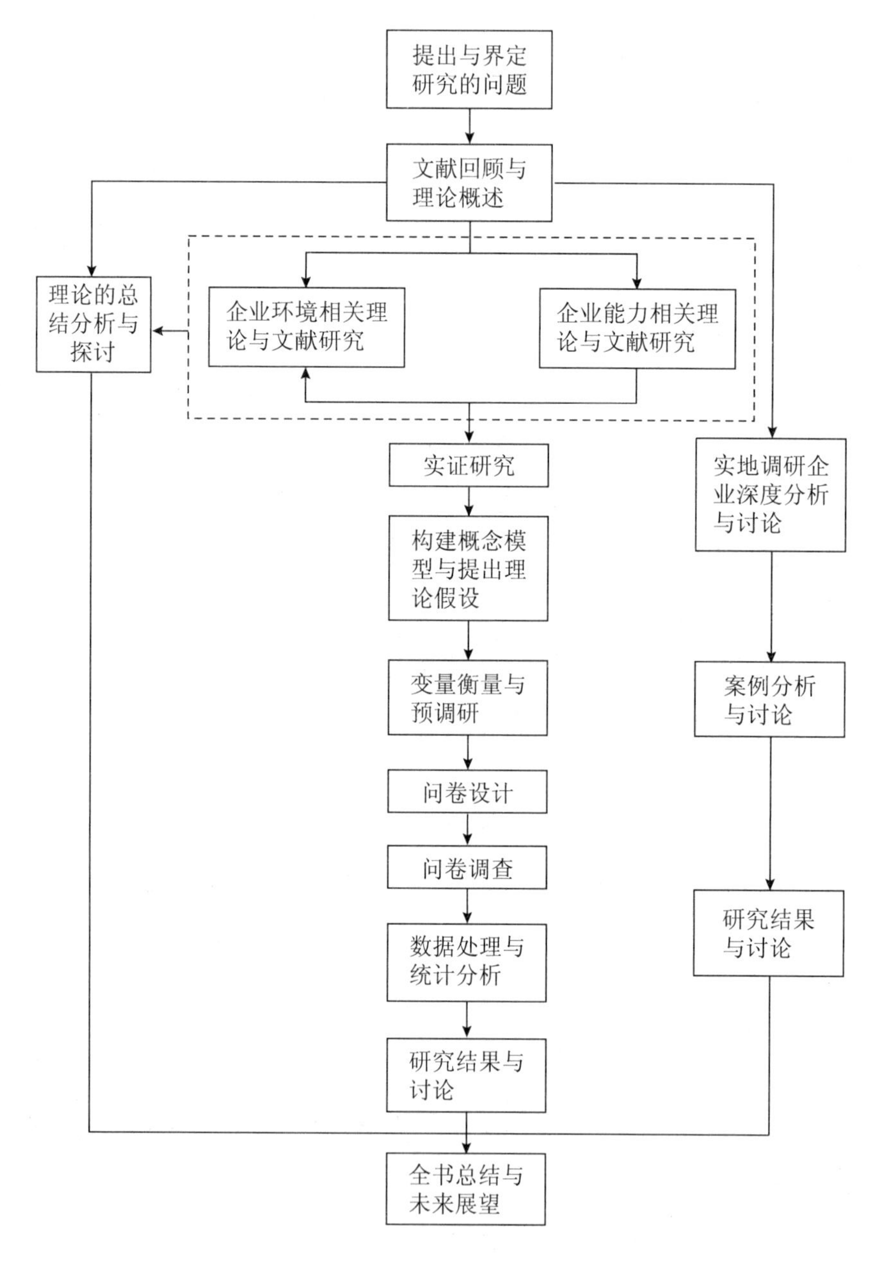

图1-3　研究流程

括第三章“企业的环境管理能力与企业绩效关系”和第四章“研究假设与设计”，主要针对企业环境管理能力和企业绩效进行相关的理论分析，并从不可控环境要素到可控环境要素的转化入手构建企业环境管理能力（转化能力）与企业绩效关系的理论模型，并在第四章中又对理论模型进行了相关假设；第三部分为实证研究部分，它包括第五章“实证分析”、第六章“实证结果分析与讨论”、第七章“案例分析”，主要从企业不可控环境要素到可控环境要素视角，围绕我国企业环境管理策略、方法对企业绩效影响的关联性问题进行了典型企业的深度访谈与案例分析研究，进而对实证研究所得的数据进行进一步的讨论与分析；第四部分为本书的结论部分，即第八章“研究结论与展望”，主要是在前面分析的基础上提出最终的研究结论和建议及对未来研究方向的进一步展望。

第五节　本书的主要创新点

在企业环境管理能力与企业绩效关系的问题研究上，国外学者广泛关注有关企业环境管理中子环境的管理对企业绩效影响关系的问题研究，获得许多有意义的研究成果。而国内学者在近些年也开始对企业环境管理与企业绩效的影响关系这一问题进行了大量的研究，但大多数研究也只是站在从总体环境中剔除某个子环境的角度来研究其与绩效的影响关系问题。这种方法也是现阶段比较流行的、局部的点对面的研究方法，但是我们都知道，环境是一个整体，有其自身的特殊性，简单拆分，进行割裂的研究有其积极的方面，但也不可避免地有它的局限性与弊端。把企业环境管理作为一个整体的角度来考虑与企业绩效的关系问题，这样的研究在目前尚不多见。究其原因，可能是因为企业环境本身所包含的内容就相当复杂，并且企业环境本身还是不断变化的，具有动态性。因此，美国著名的社会学与管理学家理查德·H. 霍尔（Richard H. Hall,

2002）就曾经说过："把对企业环境的分析变成分析问题的焦点是有风险的。"① 所以，把企业环境作为一个整体来考虑环境管理对企业绩效产生的影响问题可以说是一项非常有挑战性且复杂的工作，尤其是环境的特点就是变化，而且变化的速度越来越快。所以，对于研究企业环境管理能力与企业绩效的关系问题涉及了一些前人没有涉足的工作。因此，本书与一些现有的国内外研究成果相比较而言，存在以下几点创新之处。

（1）一般来说，企业会选择某一种战略能力作为企业的主导性能力，但是任何一种能力要想有理想的作用发挥，都需要其他方面能力的有效支持和配合，因此企业应当从自己的选择出发，根据自己所选择的主要战略能力的需要，结合其他的能力类型，形成一个合理的能力组合。所以，本书以创新性的研究思想，把企业环境理论与企业能力理论结合起来，从企业能力与环境整体性的角度深度探讨与研究企业对环境的管理能力与企业绩效之间的关联性问题，构建企业环境管理能力与企业绩效关系的一般理论模型。

（2）本书通过实证研究，从实践中发现企业的环境管理能力与企业绩效之间的一般关系，归纳和提炼出提高企业对环境的管理能力，从而指出提高企业绩效的路径与方法，并提出可操作性的建议。

第六节　本章小结

主要介绍本书所要研究问题的提出、问题的背景、问题的理论意义与现实意义，以及研究问题的方法、技术路线、结构框架和可能创新之处。为本书的进一步研究指出了基本的思路与方向。

---

① 转引自赵锡斌《企业环境分析与调适——理论与方法》，中国社会科学出版社 2007 年版，第 4 页。

第二章　相关理论与文献研究

第一节　企业环境相关理论概述

一　权变理论

权变理论（contingency theory）萌芽于20世纪60年代，至20世纪70年代发展成为一个比较成熟的管理学派。权变理论的创始人是美国的莫斯和洛希（J. J. Morse & J. W. Lorsh），他们于1974年出版的《组织及其成员：权变方法》① 一书研究了环境与组织结构的具体特点，并指出对组织活动最为有效的影响是它们之间的依存关系。另一个权变理论的主要代表人物是弗雷德·卢桑斯（Fred Luthans），他所著《管理导论：一种权变学说》一书，将各种管理理论统一在了权变理论的框架之下。权变基本的含义是“因地制宜”或“随机而变”。该理论认为，对于企业所必须处理的管理问题，必须结合当时企业所处的内外部环境等综合要素来考虑企业所应采取的管理方法，并认为没有一种普遍使用的、最好的管理模式。权变

---

① Lorsh, J. W., Morse, J. J., *Organizations and Their Members: A Contingency Approach*, Harper & Row, New York, 1974.

理论学派从系统的理论视角出发来探讨企业管理的问题，其重点就是通过企业或组织的各个子系统，包括企业内部与外部子系统之间的联系来确定企业或组织所处的各种变化类型。该理论强调的是企业或组织必须随着自身内外部环境的变化采取适宜的管理模式，随机应变地处理企业或组织遇到的各种管理问题。

权变理论的产生为人们进一步认识企业管理的内涵，为企业解决各种管理问题都提供了一种行之有效的方法。它将企业或组织看作一个开放的系统，强调企业或组织与内外部环境之间及各个子系统之间的统一，该理论认为企业或组织必须根据自身的特点，以及企业所面对的内外部环境，采取适宜的管理模式，灵活地应对企业或组织所面对的各项管理任务；企业与环境之间的和谐，能够提高员工的满意度，让企业的决策者能够把精力放到应对环境问题的研究上来，并根据自身环境的特点，采取更加符合企业自身发展需求的管理模式。所以，管理理论中的权变的或随机制宜的观点无疑是应当肯定的。同时，权变学派首先提出管理的动态性观点，人们开始意识到企业管理的职能并不是一成不变的，以往人们对管理行为的认识大都从静态的角度来认识，权变理论学派则使人们对管理的动态性有了新的认识。权变理论强调经验研究的重要性，要求通过实地研究与考察，发现不同组织的共同性和特殊性，并力求将经验研究的结果落实到具体的企业环境管理当中，以提高企业的管理效率。

二 种群生态理论

种群生态学是达尔文生物进化理论中的一个部分，它是生物学中的一个分支，强调了自然环境在物种的产生、繁衍、消亡中所产生的重要影响，该学派的一个基本的理念是：物竞天择，适者生存。最早把这个理念运用到企业或组织的研究中，并创立了企业或组织研究中的种群生态理论的是20世纪70年代的学者汉南和弗里曼。

在当今激烈的市场竞争环境中，不少持种群生态理论观的学者认为企业界也和自然界一样存在着非常类似自然界中生物群落变化的系统或机理。该理论认为组织或企业之间的竞争也和动物种群类似地表现为种群内竞争或种群间为争夺生存与发展环境的竞争，企业或组织也和生物体一样通过自身的新陈代谢（原料到产品的生存转换过程）、企业间群集与相互整合来适应与控制企业所处内外部变化的环境。在该理论的研究上，国内外很多的不同专业的学者各自从自身所研究的领域出发，用不同的视角对如何把种群生态理论应用到企业的组织领域中的这一问题进行多方面的深入研究，诸多学者在包括研究的对象，主要解决哪种类型的问题等种群生态理论的基础理论层面做了一系列研究和探讨。也有很多学者在把理论如何应用于实践指导企业在市场环境中的良性发展做了不少研究，也得到了很多令人鼓舞的成果。

种群生态理论的基本观点是，企业或组织对外部环境变化的适应性决定了组织的存亡。它强调了企业或组织在对环境适应过程中的三个阶段：变异、选择、存留。变异（variation）指企业或组织的创新，是组织或企业通过环境的选择自身进化的一个过程，它是在所有企业种群或组织中不断出现组织或企业进化的过程。这种组织和企业的进化过程与生物学中生物种群中个体发生变异进化的过程相似，它增加了企业环境中企业或者组织自身的复杂程度。选择（choice）指环境选择适宜的组织。有些变异被证实是更能适应环境的变化，能够从环境中找到自己的位置，并且从环境中获得生产所需的资源。而有些变异则因不能满足环境变化的需要，不能在环境中找到自己的位置，于是就消亡。在环境的选择中，只有少数变异的组织或企业被环境选中，得以生存下来。存留（retention）指组织的保留或生存。环境很看重被保留下来的企业或组织中的特定部分，这些被保留下来经过环境选择后的企业或组织的特定部分，可能就会成为今后环境变化或选择中的主导因素。例如，福特汽车公司在全世界率先建立的流水线式的生产方式就被环境的选择保存下来，并成为许多企业所争相学习的对象。

在种群生态理论的研究中，应用到企业组织领域的研究主要集中在两个方向：一个是研究环境与企业的相互关系机理；另一个是在考虑环境对企业影响的同时，研究企业群落间的关系。在我们的自然界中，不同的生物种群之间在自然环境的长期选择中形成了非常复杂的生物链网络，使得各个生物种群之间形成了一种环环相扣、缺一不可的相互依存、共同发展的关系。对比而言，在我们现今的企业界中，也有着非常相似的发展关系，我们是否把企业界中的这种种群关系与自然界中的种群关系做一个对比性的研究，通过经济学、管理学和自然科学等理论更深入地对我们企业界所存在的这种在一定环境范围内所形成的企业种群或群落关系加以研究，建立起直观的数学模型和分析图表，在实证分析的基础上，种群生态理论可以把企业战略群组与企业相关的现实问题综合起来做出相应的解释并可预测企业为了发展的方向，也有比较独特的视角为研究企业与外部环境及内部环境的关系提供了一个比较好的观察层面，这也是该理论在企业组织领域得到应用的原因及未来的发展方向。

三　资源依赖理论

资源依赖理论是企业组织理论发展过程中的重要理论代表之一。早在20世纪40年代左右，资源依赖理论便开始发展，到70年代资源依赖理论发展到繁荣期。此后，其许多观点都被用于企业与环境关系研究当中。

1978年，学者萨兰奇科（Salancik）和费佛尔（Pfeffer）[①] 写了一部著作“The External Control of Organizations：A Resource Dependence Perspective”，它标志着资源依赖理论地位的奠定。所以，可以说萨兰奇科和费佛

① Pfeffer，J. and Salancik，G. R.，*The External Control of Organizations：A Resource Dependence Perspective*，New York：Harper and Row，1978.

尔是资源依赖理论的集大成者。他们通过研究，首先提出了资源依赖理论的四个重要假设，即：第一，一切企业是以生存为基本目标；第二，企业的发展需要与之相适应的资源作为支持，而资源不能通过企业自身提供；第三，为了获取企业生存所需要的资源，企业必须从其以外的环境中去获取，因而与企业生存所依赖的外部环境发生互动关系，同时外部环境中也包含其他组织的存在；第四，所有企业的生存与发展都应建立在企业必须控制或协调其自身所处外部环境中的其他企业互动关系的基础上。因为他们发现企业所需要的资源（包括人员、资金、社会合法性、顾客及技术和物资投入等）需要从企业所依赖的环境要素中来获得，而这些环境要素往往能够对企业的发展提出适应性的要求，并且企业已经在为满足这些适应性要求而努力了。其次，他们还发现企业与企业间的依赖程度和三个因素显著相关，即资源、资源的使用程度和可替代资源的存在程度。

首先，资源依赖理论认为，对于一个开放的企业而言，需要从外部环境中获取关乎企业生存与发展的关键性资源；没有企业能够在自给自足的环境中生存与发展。企业与外部环境之间的资源交换被看作企业与环境间互动关系的核心内容，这种企业与环境间的交换包括原材料的获取、资金及人力资源的取得、信息的交流、社会和政府的支持等。

其次，资源依赖理论的另一个重要观点是，企业生存和发展的关键是获取资源和维持资源长期持有的能力，而在这一个重要的观点中，权力及权力的最大化被认为是该理论的一个核心内容之一。该理论认为企业获取资源与维持资源长期持有的能力很大程度上决定于企业对外部环境的控制能力与适应能力。企业自身的许多内部环境要素的确定，如企业的组织结构类型、各个部门及功能的划分等在很大程度上受到了外部环境的制约与影响。所以，企业本身就需要不断改变自身的一些行为及结构类型与模式来维持企业对于外部资源获取的长期性，并努力使企业降低对此种资源的长期依赖性。通过降低企业对外部资源的依赖程度，以及提高其他企业对于本企业所具有资源的依赖程度，使企业所具有的权力最大化。企业权力的最大化即成为衡量企业成功的标准之一。正因为这个原因，明茨伯格（Mintzberg）[①] 把资源依赖理论归结到十大战略学派中的权力学派当中，把资源依赖理论作为宏观权力的代表思想之一。并且，资源依赖理论中把权力问题解释为企业对环境的依赖程度问题，它解决并解释了企业内部的权力划分问题。

最后，资源依赖学派的观点是面对环境给企业带来的约束，企业也可以通过采取主动的方式来对制约企业生存与发展的不利环境进行有效的管理和控制，使这种不利环境因素对企业所造成的影响减到最低，这也是资源依赖学派不同于其他学派的最大理论贡献之一。该理论认为，企业可以通过并购、多元化等自我变革的方式改善企业自身与其内外部环境之间的关系，亦可通过对政治环境、法律环境的攻击来为企业创造所需要的环境等，以此来改善环境对企业的制约程度。

资源依赖理论的重要贡献是它揭示了企业与环境的依赖关系，使人们看到了企业运用各种方法与策略对自身进行变革，以求适应环境变化的需求，为我们当今的企业的外部环境资源利用与管理提供了理论依据，[②] 虽然该学派在企业组织理论的发展和企业的实践中都有非常巨大的贡献，但是我们也应该清楚地看到资源依赖理论其自身所存在的不足，尤其在将该理论用于实证研究时，企业依赖性和不确定性难以测量等问题，一直是困扰该理论发展的重要因素。

四 商业生态系统理论

1993 年，詹姆斯·弗·穆尔在位于美国的夏威夷群岛观光时突发灵

---

① ［加］亨利·明茨伯格等：《战略历程：纵览战略管理学派》，魏江译，机械工业出版社 2001 年版。

② 马迎贤：《资源依赖理论的发展和贡献评析》，《甘肃社会科学》2005 年第 1 期。

感，通过观察岛上独特的生态系统之后，他开始尝试用生物学中生态学的观点和方法来研究企业或公司的战略问题，并在《哈佛商业评论》上发表了题目为“Predators and Prey：A New Ecology of Competition”的文章，第一次在文中提出了“商业生态系统”这个概念，而且詹姆斯·弗·穆尔还提议用“商业生态系统”这一概念替代企业环境理论中“行业”这一概念，他认为“商业生态系统这一名词为凝聚创新理念的共同进化的微观经济划分了明确的界限”[①]。

随后他在1996年出版的《竞争的衰亡——商业生态系统时代的领导与战略》一书中比较详细地阐述了商业生态系统的发展过程和每个阶段的工作任务，详细地解释了商业生态系统理论，并运用该理论解释了企业之间的商业活动行为，提出了企业竞争的新含义，即谋求企业与环境之间的共同进化。[②]

总的来说，目前的研究大多都是集中在对商业生态系统的发展研究上，而且也有了些理论上的成果，但是由于商业生态系统与其他系统相比有不可预见性与复杂性，从以往的研究中还没有发现对于商业生态系统理论的量化研究，也没有发现以建立模型的方式来对该理论进行实证的研究。商业生态系统的核心思想是协同进化（Co-evolution），协同进化是从生物学中借鉴到管理学中的一个概念，在生物学概念中，协调进化是指物种之间因相互之间的联系而发生的相互进化的一种反应。在管理学中，协同进化也是同样的道理，一个企业不可能独自发展，必然受到竞争对手、合作伙伴等的影响，只能共同进化。所以，企业的竞争对手也是企业进化的一个重要驱动力，他们在相互竞争和合作中不断地发展、进化。我国著名企业海尔集团所提出来的“与狼共舞”就是对协同进化一种最恰当的表述。

---

① James F. Moore, *Predators and prey*: *A new ecology of competition*, Harvard Business Review, 1933, p. 7.

② James F. Moore, *The Death of Competition*: *Leadership and Strategy in the Age of Business Ecosystems*, New York: Harper Business, 1966.

在商业生态系统理论的生命周期研究中，尽管詹姆斯·弗·穆尔在1996年提出了商业生态理论生命周期的三个阶段的战略要素，但是他却没有提到企业应该如何从产业链的角度跨越到商业生态系统的问题。而且企业在现实中建立商业生态系统时，还可能会遇到企业的领导权的分配问题等。

第二节 企业能力相关理论概述

企业能力理论的思想雏形可以追溯到亚当·斯密和马歇尔关于企业分工的理论，随后在20世纪80年代出现了高速的发展，以巴内（Barney，1986）的资源基础理论作为发展的起点，企业能力理论经过核心能力理论的推动，到1997年学者提出动态能力理论才真正得以成形。在此之后，又出现了新的理论发展——企业知识基础理论，企业能力理论就是沿着这种发展脉络发展至今，如图2－1所示。

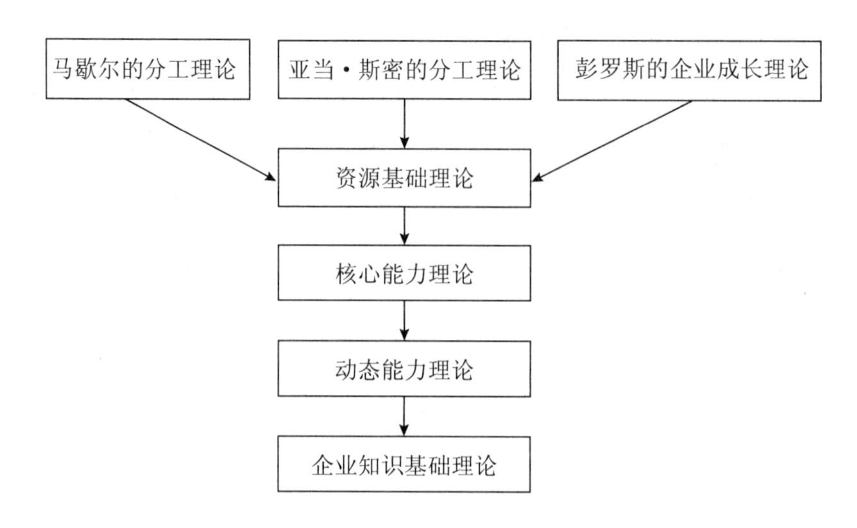

图2－1 企业能力理论的发展历程

一　资源基础理论

企业能力的资源基础理论是基于彭罗斯（Penrose）的企业成长理论发展起来的，到沃纳菲尔特（Wernerfelt 1984）和巴内 Barney，1986）才逐渐成形。彭罗斯在《企业成长理论》中提出了企业成长的内在动力，即“企业资源—企业能力—企业成长”的发展模式。彭罗斯认为企业所拥有的资源情况决定了企业的能力，企业所拥有的资源规模越大，企业所能够获得的能力往往也就越大。在资源产生生产性服务的过程中企业的知识也得到了增长，而知识的增长又促进了企业管理能力的提升，从而推动了企业的成长。鲁梅特（Rumet，1984）[①] 提出企业中资源的“隔离机制”，由于存在时间劣势或经济劣势使得企业资源完全不能被模仿或难以模仿，使行业内的企业获得比行业外企业更高的利润。而沃纳菲尔特则认为是资源的“位势障碍”在发挥作用，为企业自有的优势资源提供了保护，从而为企业提供了竞争优势。[②] 巴内提出了具有竞争优势的资源的四个特征：有价值、稀缺性、难以模仿和无法替代，并且定义了企业资源：企业所控制的能够提升企业战略制定和执行效率和效能的所有资产、能力、组织过程、企业特征、信息、知识等。[③] 一些学者对企业资源做出了一个具体的分类（见表 2－1）。

---

① Rumelt，Richard P.，*Toward a Strategic Theory of the Firm.* In Lamb，R.，Competitive Strategic Management. Englewood Cliffs，NJ：Prentice Hall，1984，pp. 556—570.

② Wernerfelt，B.，A Resource-Based View of the Firm. *Strategic Management Journal*，Vol. 5，1984，pp. 171—180.

③ Barney J.，Firm Resources and Sustained Competitive Advantage. *Strategic Management Journal*，1991（17），pp. 442—453.

表2－1　企业资源具体的分类

资源种类	主　要　内　容
财务资源	现金及企业的融资能力,创造现金收益的能力
物化资源	生产设备及其布局,原料及采购渠道
技术资源	各种知识产权及与之相关的技术知识
创新资源	技术人员和研究开发所需的设备
商誉资源	顾客和供应商所认可的品牌、信誉及其合作关系
人力资源	员工的培训水平、适应力、判断力和工作态度
组织资源	企业的组织结构和它的计划、控制和协调系统

总的来说，企业能力理论中的资源基础理论认为，企业就是一个资源集合体，企业之间的较量从根本上说就是资源的较量，而且资源的规模也从根本上决定了一个企业所能够实现的成功的规模及高度，所以，企业所拥有的和可以控制的有持续竞争力的资源是企业能力及企业成长的来源。资源基础理论的贡献就在于对企业持续竞争优势根源的探讨，把研究视角从企业的外部环境转向了企业内部资源，但不足之处是未对企业的能力和资源进行区分，一般来说，企业有某些资源，并不表示其有某项能力。所以，后来发展的核心能力理论弥补了这方面的不足。

二　核心能力理论

1990年，美国学者普拉哈拉德（C. K. Prahalad）和英国学者哈默G. Hamel）在《哈佛商业评论》上发表的“The Core Competence of the Corporation”一文中，正式确立了核心能力这一概念，并正式提出了企业核心能力的概念，将其描述为：“组织中的积累性学识，特别是如何协调不同的生产技能和有机结合多种技术流派的学识。”此后，对企业核心能力的研究观点众多，基本上可分为两大类：一类是以巴顿（Dorothy Leonard

Barton）为代表的从企业核心能力的知识特性方面来研究；另一类是以克里斯汀·奥利佛（Christine Oliver）为代表的从企业核心能力的构成要素来研究。以下是对企业核心能力不同观点的梳理（表2－2）。

表2－2　企业核心能力不同观点的梳理

观　　点	含　　义
整合观（Prahald，1990）	不同技能与技术流的整合
网络观（Klein，1998）	各种技能及其相互关系所构成的网络
协调观（Sanchez，1996）	各种资产与技能的协调配置
知识载体观（Barton，1992）	企业独具特色并为企业带来竞争优势的知识
组合观（Plahald，1993）	企业各种能力的组合

资料来源：吴雪梅：《企业核心能力论》，博士学位论文，四川大学，2007年。

随着企业核心能力概念的提出，使得学术界在企业能力理论方面的研究更加注重能力的一种独特性，他们认为企业能够在市场上生存，都会具有某种独特的能力，而企业的核心能力往往就来源于这种独特的能力。企业有意识地对这种能力进行强化和培训，就可以使这种能力越来越强大，并最终可以形成支持企业持续成功的企业能力。

由此可见，核心竞争力理论还处在不断发展和完善之中，目前学术界对该理论中的基本概念和内涵还没有形成统一的看法，而且该理论还没有形成严密的理论体系。但是在一些基本问题上已经达成了共识，即企业的核心能力是提升企业战略竞争能力和长期盈利能力的一个重要方面，而且，企业核心能力是需要培养的，一般而言，企业在这方面投入越多，持续时间越长，所能获得的收益也越明显，企业持续发展和成功的可能性也就越大。

三 动态能力理论

1997年，以皮萨诺（Pisano）为代表的学者在参考核心能力理论的基础上第一次提出了动态能力理论，他们把演化经济学当中的企业模型与企业资源观相结合提出了“动态能力观”这一概念，即“企业整合、建立以及重构企业内外能力以便适应快速变化环境的能力”，并提出了动态能力的分析框架，包含三个关键要素：组织程序、所处位置和演进路径。艾森哈特（Eisenhardt）将动态能力定义为企业应用资源的流程，来适应甚至是创造市场，并认为企业应该具有一定的环境动态的适应能力，能够调整自己的行为来适应环境，从而提高企业行为与企业环境要求的匹配程度，企业的绩效将相应提高。[①] 为了能够进一步解释动态能力，学者温特（Winter，2003）将“零阶概念”（企业利用相同的规模生产之后出售相同的产品给相同的消费者借以生存的能力）引入进来，将动态能力理论解释得更为透彻。国内学者林萍年对企业动态能力进行了归纳[②]，见表2－3。

表2－3 企业动态能力归纳

动态能力	具 体 内 容
市场导向	抓住市场契机，顾客满意为第一 通过多种渠道掌握顾客变化的需求和欲望 掌握竞争对手的行动变化 敏锐捕捉到市场的变化 在企业内传播各种市场信息 检查我们的产品是否就是顾客真正的需求

① Eisenhardt，K. M. Martin，J. A.，Dynamic Capabilities：What are they，*Strategic Management Journal*，2000（34），p. 17.

② 林萍：《组织动态能力与绩效关系的实证研究：环境动荡性的调节作用》，《上海大学学报》（社会科学版）2009年第6期。

续　表

动态能力	具　体　内　容
组织学习	模仿学习、实验学习、技术的共同探讨 从各个部门获得各种知识 创新精神、鼓励创新的文化 产生新思想、融合新旧知识 有效地把知识应用到创新上
整合协调	协调企业内的资源配置和成员之间的动态关系 整合组织内部流程与外部流程 整合各部门活动信息沟通、共享 各部门工作相互支持,帮助跨部门解决共同问题
组织柔性	及时对市场变化做出目标和计划的调整速度取胜 制度灵活、沟通过程、管理系统灵活 产品流程、组织结构和文化系统具有灵活性 调节组织结构的灵活应变能力
风险防范	保持谨慎、周密调查和方案设计 足够的现金储备来进行风险管理 风险应急方案 成在变动、败也在变动

动态能力理论的提出，针对的是核心能力理论中的核心刚性（Core Rigidities）问题。这主要是由于企业环境的不确定性和动态性，一成不变的核心能力是不能持久地给企业带来效益的，所以企业必须认识到在不断变化的世界里，只有不断地改变、不断地适应和满足市场环境发展及变化的要求，企业才有可能拥有可持续的竞争力。

四　企业知识基础理论

随着对企业能力理论研究的不断深入，许多学者将知识资源的特征与企业的竞争优势相结合，并认识到企业本质上是一个获取、吸收、利用、共享、保持、转移和创造知识的学习性系统，而且，决定企业能力的很可能就是企业拥有的知识。德姆塞茨（Demsetz，1991）的研究把企业作为一个整体的知识体系，认为企业的发展是建立在知识的基础上的，所以，企业应该把知识有机地集成起来，形成一个整体并体现在其产品和服务上以此来增强企业的绩效。哈罗德（Harold，1998）提出企业是知识的大仓库。知识一直以来都是企业经营活动中最重要的资源要素之一，也是影响企业绩效的重要资源要素之一。由于构成企业能力的基础是知识，所以该类理论也被称为是以知识为基础的企业理论（knowledge-based theory of the firms），即企业知识基础理论。

由于学界对“知识”的理解各有千秋，所以，以知识为研究对象的企业知识基础理论，也是管理领域的新生事物，目前还没有一个被大家广泛认可的定义。因而，对与知识的相关概念进行梳理及解释，使得对企业知识基础理论研究对象理解得更为清楚，见表2－4。

表2－4　　对与知识有关的相关概念的梳理

相关概念	解　　释
无形资本	基于信息的资源（如顾客信任、商标名称、渠道控制、组织文化）能力的管理
无形资源	属于某个法人的无形资产，与能力不同，不容易被转移，如雇员、供应商和吸引顾客的诀窍及组织文化等
战略资产	是难于模仿或转移的、稀缺的、专用的、专门的为组织产生竞争优势的资源和能力的结合
结构能力	将新知识整合到组织中的能力
核心能力	组织的积累性学识，特别是关于如何协调不同的生产技能和有机结合多种技术流派的学识
组织记忆	（在知识结构）存储组织知识的能力
能　　力	组织利用资源的能力，建立在构建、协调、交流知识的组织原则基础上
技　　能	能力常涉及社会系统，技能表示建立在能力基础上的个人能力

事实上，资源基础观、核心能力理论和动态能力理论最终都回归到了企业知识理论上来。企业是知识的仓库，企业知识是企业核心能力的基础，核心能力是使得企业与众不同并为其带来竞争优势的资源，企业能力就体现在善于对企业知识资源的利用与整合。不同的市场环境会有不一样的环境特点，不一样的资源特点，也会需要不一样的经营观念和经营特点，需要企业具有不一样的能力。尤其是在信息时代，环境的特点就是变化，而且变化的速度也越来越快，因此，知识已经成为企业最重要的资源要素之一，其对企业的影响也越来越大。

第三节　企业环境及企业能力与绩效关系的相关文献研究

一　国内相关文献研究

随着企业环境理论与企业能力理论的发展，学者也更加关注这两个因素与企业绩效之间存在的关系。因此，本书首先来关注国内学者对此的相关文献研究。

程承坪在《论企业家人力资本与企业绩效关系》中就明确指出了企业绩效是企业家能力、企业家生产性努力、企业家掌握的资源数量与质量和外部环境随机因素几个方面综合作用的结果，并说明这几个方面对企业绩效有着重要的作用。[①]

张胜、刘成运用了企业能力理论对企业竞争氛围和竞争优势的源泉进

① 程承坪：《论企业家人力资本与企业绩效关系》，《中国软学科》2001 年第 7 期。

行了解释，其结论是，企业持久性的竞争优势内生于企业积累性知识与技能，所以，一个企业要想获得可持续性的、有效的绩效就必须加强自身能力的建设及管理。①

余伟萍、陈维政等着重考察了企业能力的价值链优化问题，在经济全球化的背景下构建了企业活动、能力和战略的选择矩阵，然后利用该矩阵对企业的战略决策等进行评价，总结出企业能力与企业产生的价值成正比，企业能力的价值链越优秀，企业做出的战略决策就越能符合企业的可持续发展，企业的绩效自然就能实现。②

杨东宁、周长辉提出“基于组织能力的企业环境绩效”的理论模型，从动态的角度解释企业环境管理能力与经济绩效的正相关关系。③

刘军等研究了企业竞争环境与企业绩效的关系，提出了一个关于企业竞争环境、企业价值观型领导行为以及企业绩效三者之间互动的理论模型并进行实证分析。研究表明，：激烈的竞争环境会削弱企业内部的绩效，但实施企业价值观型领导，将有助于企业领导扭转不利局面，提升企业绩效，企业价值观型领导在严酷的竞争环境中适用。④

陈浩认为企业环境管理是市场压力和社会责任的共同结果。同时，通过研究表明，企业的组织能力和环境管理行为及企业绩效显著呈正相关关系。⑤

赵锡斌探索性地构建了企业环境与企业绩效的一般理论模型，认为企业环境（包括外部环境和内部环境）影响企业绩效，而企业绩效又会影响

① 张胜、刘成：《为何企业不随其产品退出市场而失败：基于组织能力的解释》，《甘肃社会科学》2003 年第 5 期。

② 余伟萍、陈维政、任佩瑜：《中国企业核心竞争力要素实证研究》，《社会科学战线》2003 年第 5 期。

③ 杨东宁、周长辉：《企业环境绩效与经济绩效的动态关系模型》，《中国工业经济》2004 年第 4 期。

④ 刘军、富萍萍、吴维库：《企业环境、领导行为、领导绩效互动影响分析》，《管理科学学报》2005 年第 5 期。

⑤ 陈浩：《企业环境管理的理论与实证研究》，博士学位论文，暨南大学，2006 年。

企业环境，根据企业环境与企业绩效的这种互动关系，企业管理就不仅要管理生产与经营活动，而且要管理环境，要像管理生产经营活动那样去管理环境。①

柳燕通过对汽车制造行业产业环境的实证研究发现，产业环境宽松性越强，企业采取的创业导向战略对企业绩效的影响越大；产业环境不确定性越强，企业采取的市场导向战略对企业绩效的影响越大。②

张雪兰通过实证研究的方法研究了市场环境（市场动荡、技术变革和竞争强度）与市场导向（顾客导向、竞争导向和跨部门协调）及企业绩效之间的关系。研究结果表明，技术变革强度（如高科技类企业创业环境）与顾客导向、竞争者导向及跨部门协调正向相关；竞争强度（如传统行业创业环境）与顾客导向、竞争者导向及跨部门协调负向相关。③

贾宝强通过对长春地区 144 家企业的实证研究证明了机会识别、团队支持、企业资源通过创业导向最终影响企业绩效。间接地考证了机会识别能力与企业绩效之间的相互关系。④

邵帅通过实证研究证明，企业自身的可持续竞争优势并非来自企业的外部市场力量，而是来自企业自身的能力，即企业绩效都是内生于企业，是由企业能力所决定的。⑤

陈海涛、蔡莉将机会特征、战略导向、机会开发方式及新创企业绩效等关键的创业要素整合在一个框架下，建立了四者之间关系的理论模型，并通过对长春地区 108 个企业的实证研究证明该模型的合理性。其

---

① 赵锡斌：《企业环境分析与调适——理论与方法》，中国社会科学出版社 2007 年版，第 151—156 页。

② 柳燕：《创业环境、创业战略与创业绩效关系的实证研究》，博士学位论文，吉林大学，2007 年。

③ 张雪兰：《环境不确定性、市场导向与企业绩效——基于嵌入性视角的关系重构及实证检验》，《中南财经政法大学学报》2007 年第 6 期。

④ 贾宝强：《公司创业视角下企业战略管理理论与实证研究》，博士学位论文，吉林大学，2007 年。

⑤ 邵帅：《能力—绩效模型及评估方法研究》，博士学位论文，中国地质大学，2007 年。

重要意义在于揭示创业机会特征、战略导向、机会开发方式和创业绩效之间的作用关系，比较全面地揭示新创企业机会开发方式选择的微观机制。①

朱少英等从企业内部环境视角，实证研究了企业变革型领导、团队氛围、知识共享与团队创新绩效的关系，发现了一定的相关性。②

焦豪运用结构方程模型对企业动态能力、环境动态性和绩效之间的关系进行了实证研究。研究发现，在一个动态性高的环境中，管理者缺乏清楚的价值判断标准与较好的战略选择，这可能使得管理者只能在有限理性的情况下快速地做出战略决策，从而建立企业动态能力，因此有必要探讨环境动态性对动态能力与绩效的影响。他发现以快速变化的动态组织环境和危机状态为特征的环境动态性对动态能力战略与绩效的关系具有调节作用，是影响企业发展的重要权变变量。因此，企业必须寻求其所具备的资源与能力和环境的动态性之间的匹配，这样才能使企业动态适应环境并获得超出平均水平的经济租金。③

李良俊对企业环境与绩效的关系进行了梳理。分析了几种典型的企业环境与企业绩效的关系模型，包括巴纳德的协作关系模式，迭夫特的适应支配模式，菲佛、萨兰基克的资源依赖模式，波特的产业结构模式，沃辛顿、希里顿的影响模式等，并提出了自己的观点："企业外部环境对企业绩效有直接或间接的影响"。④

李雪松等注意到了企业环境对企业绩效的影响，并采用个案研究的方法探究了企业环境管理、知识管理与企业绩效的关系。研究发现，实施不同战略、不同经营策略的企业，在面对企业环境的复杂性、动态性和威胁

---

① 陈海涛、蔡莉：《创业机会特征维度划分的实证研究》，《经济》2008 年第 2 期。

② 朱少英、齐二石、徐渝：《企业变革型领导、团队氛围、知识共享与团队创新绩效的关系》，《中国软科学》2008 年第 11 期。

③ 焦豪：《企业动态能力、环境动态性与绩效关系的实证研究》，《中国软科学》2008 年第 4 期。

④ 李良俊：《企业环境与企业绩效的关系模式探析》，《内蒙古科技与经济》2008 年第18 期。

性的变化时，其环境对企业绩效所产生的影响有所不同。[①]

赵文红、陈浩然提出了一个企业能力方面理论概念模型。其研究结果表明，企业家导向有利于企业的探索能力，企业应用能力有利于企业绩效，同时也认为企业的探索能力与应用能力的交互作用比单一能力对企业绩效的影响更为显著，更能为企业带来持续性的竞争优势。[②]

赵锡斌提出了企业可以改变、控制或“操纵”组织运作的环境，并创造出有利于企业发展的新环境，从而能提高企业绩效，为企业创造效益。[③]

许红胜、王晓曼以沪深两市电力、蒸汽、热水的生产和供应产业2008年的数据样本为依据，研究人力资本与财务绩效的关系。在研究过程中他们将企业能力作为中介变量，将企业能力分为研发能力、市场能力、经营能力，并构建企业能力指标体系。建立智力资本、企业能力及财务绩效关系的实证分析模型，通过实证分析，提出智力资本、企业能力与财务绩效呈正相关关系。[④]

黄苏萍通过实证的分析方法研究了上海证券交易所内所有上市的制造业类型公司的所有数据，得出研究结论是企业创新能力与企业绩效呈正相关关系。[⑤]

迟嘉昱等基于企业能力理论的视角，构建了一个企业内外部IT能力对企业绩效的影响理论概念模型，并对102家企业采用了问卷调研方式，用统计分析方法对该模型进行了实证检验，其研究结果显示企业的IT能力对

---

① 李雪松、司有和、龙勇：《企业环境、知识管理战略与企业绩效的关联性研究——以重庆生物制药行业为例》，《中国软科学》2008年第4期。

② 赵文红、陈浩然：《企业家导向、企业能力与企业绩效的关系》，《科技进步与对策》2009年第2期。

③ 赵锡斌：《企业环境创新的理论及应用研究》，《中州学刊》2010年第2期，第38—42页。

④ 许红胜、王晓曼：《智力资本、企业能力及财务绩效关系研究——以电力、蒸汽、热水的生产和供应产业为例》，《东南大学学报》（哲学社会科学版）2010年第3期。

⑤ 黄苏萍：《企业社会责任与财务绩效相关性研究》，《北京工商大学学报》（社会科学版）2010年第2期。

企业绩效具有显著的正向影响。①

张光明、赵锡斌从企业的视角提出企业环境创新是企业的重要创新要素，与技术创新、管理创新、组织创新、制度创新等处于同等地位，并在对企业环境、环境创新与创新环境概念界定基础上，分析了企业作为环境创新的主体之一，可以主动影响、选择、改变与创新环境的主要途径，提出了企业环境创新对企业绩效影响的基本假设框架。②

二　国外相关文献研究

对于企业环境理论和企业能力理论与企业绩效关系的研究，国外学者关注得较多。早在20世纪30年代，国外学者就提出了企业环境理论，并普遍认为企业环境是由于系统理论和权变理论的产生和发展而发展起来的，尤其是以巴纳德的《经理人员的职能》一书的出版为标志，奠定了企业环境研究的理论基础。此后，陆续有学者对企业环境与企业绩效之间存在的相关性做了大量研究。例如，克拉森（Klassen）建立了理论模型研究企业环境与企业经济绩效的相互关系，③ 其研究结果显示企业环境与企业绩效存在正相关关系，并指出企业环境管理是企业管理中的重要组成部分。

巴内（Barney）指出企业的管理者通过在企业环境要素中获得的大量能对企业产生影响的信息，然后通过搜索能对企业产生有利效果的环境因素。因而，企业环境管理能力的运用在企业发展过程中起到重要作用。④

① 迟嘉昱、孙翎、童燕军：《企业内外部IT能力对绩效的影响机制研究》，《管理学报》2012年第1期。

② 张光明、赵锡斌：《企业环境创新：企业的视角》，《技术与创新管理》2012年第33期。

③ Klassen R. D.，MeLaughlinC. P.，The Impaet of Environmental Management on Firm Performance，*Management Seienee*，1996，42，pp. 1199—1214.

④ Barney，J.，J. Fiet，L. Busenitz，D. Moesel. The substitution of bonding for monitoring in venture capitalists' relations with high technology enterprises. *Journal of High Technology Management Research*，7(1)，1996，pp. 91—105.

霍斯金森（Hoskisson）认为企业环境与企业绩效的理论反映了企业环境与企业绩效的关系。但行业环境与企业内部的资源同样对企业的绩效产生影响。企业的决策者在进行环境扫描、认知外部总体环境和行业环境影响的同时，结合自身内部的资源与能力做出战略选择，通过企业自身的战略行为，作用于企业的运作过程中，使企业的绩效加以改观。这样就充分说明了企业对于环境扫描的重要性，即环境的预警、响应程度对于企业绩效的重要影响。①

格雷（Gray）指出一个企业环境的稳定性较高时，那么企业经营活动的空间就较大，企业战略也能更好地实施，企业绩效也能有良好的表现；反之，当企业环境比较动荡时，企业的发展则受到阻碍，经营绩效也就难有保证。②

理查德·H. 霍尔（Richard H. Hall）明确指出，企业的经济状况和内部政治对如何采纳企业对环境管理的策略有一定影响。环境对企业还有另一种影响，政府政策能够鼓励或阻碍企业的环境管理策略并进而影响企业绩效。③

凯泽（Kreiser）提出了企业创业环境与企业绩效意见关系的概念模型，并采用实证研究的方法验证，其研究结果认为，比较动态和宽松的企业环境对企业绩效都有更强的促进作用，能产生更好的企业绩效。④

胡利（Hooley）通过调查了匈牙利、波兰和斯洛文尼亚的 205 家 B2B 服务企业和 141 家 B2C 服务企业，发现具有较高市场导向水平的企

---

① R. E. Hoskisson, M. A. Hitt, William. P. Wan Daphne W. Yiu. Swings of a Pendulum: Theory and Research in Strategic Management. *Journal of Management*, 25, 1999, pp. 417—456.

② Gray, W. D.. The nature and processing of errors in interactive behavior. *Cognitive Science*, 24 (2), pp. 205—248.

③ 理查德·H. 霍尔：《组织：结构、过程及结果》，张友星等译，上海财经大学出版社 2003 年版，第 219 页。

④ Kreiser, P. M., Marino, L. D., Weaver, K. M.. Assessing the Psychometric Properties of the Entrepreneurial Orientation Scale: A Multi-Country Analysis, *Entrepreneurship Theory and Practice*, 26 (4), pp. 71—94.

业，往往处于动荡和变化迅速的市场环境之中，企业环境管理的能力具有显著的优势，能在复杂多变的企业环境中生存，并取得良好的企业绩效。①

豪可（Hoque）通过对新西兰52家制造企业进行调查，研究了企业环境、企业战略与企业绩效的关系，该研究结论表明企业环境管理战略的选择与企业绩效存在显著的关系，并发现环境不确定性与企业绩效存在显著的相关关系。②

埃德尔曼·布拉什（Edelman Brush）通过对传统的中小企业研究发现，企业环境的管理与企业自身组织资源环境管理的结合对提高企业绩效有积极的正向影响，而单纯地谈论人力资源环境管理或组织资源环境的管理对提供企业绩效的影响有限。③

娄文信（Wen-Shinn Low）研究了企业环境、企业能力、企业战略、企业绩效之间的相关性。文章根据中国大陆和台湾地区纽扣行业的对比分析得出，中国大陆的企业和台湾地区的企业，其企业环境、企业能力与企业战略、企业绩效都呈正相关关系。④

克拉弗（Claver）⑤ 运用了访谈调查方法选择了西班牙的一家企业，研究其企业环境管理与企业经济绩效之间的关系，研究结果表明企业环境的管理能够带来积极的企业绩效。

---

① Hooley, Graham, John Fahy, Gordon Greenley, Jozsef Beracs, Krzysztof Fonfara and Boris Snoj. Market Orientation in the Service Sector of the Transition Economies of Central Europe, *European Journal of Marketing*, 37(1/2), pp. 86—106.

② Zahirul Hoque. A contingency model of the association between strategy, environmental uncertainty and performance measurement: impact on organizational performance, *International Business Review*, 13 (2004), pp. 485—502.

③ Linda F. Edelman, Candida G. Brush, Tatiana Manolovac, Co-alignment in the resource-performance relationship: strategy as mediator. *Journal of Business Venturing*, 2005, 20, pp. 211—226.

④ W. S. Low, S. M., A Comparison Study of Manufcturing Industry in Taiwan and China: Manager's Perceptions of Environment, Capability, Strategy and Performance, *Asia Pacific Business Review*, 2006 (12), pp. 19—38.

⑤ Claver E., Lopez M. D., Molina J. F. et al. Environmental Management and firm Performance: A Case Study. *Journal of EnvironmentalManagement*, 2007, 84(4), pp. 606—619.

国外学者在企业能力与企业绩效关系的研究相对于企业环境与企业绩效的研究方面则更早，如布儒瓦（Bourgeois）首先认识到因生产技术高低与生产加工方式的差异所带来的企业绩效的变化。[①] 他研究了很多关于企业能力要素对企业本身影响的认识，认为企业能力的因素不但决定了对特定产品和服务的需求，而且决定了为提供这些产品和服务而创建的企业的若干特性。

鲁梅尔特（Rumelt）通过实证研究表明，企业的绩效不是源于企业外部市场环境，而是源于企业内部，其绩效好坏是由企业能力所决定的。企业外部市场环境对企业绩效产生影响的程度远远不及企业自身能力对其产生影响的重要性，所以企业应更加重视自身能力的培养。[②]

扎赫拉（Zahra）通过研究发现，企业内部领导者的能力与企业绩效具有较为显著的正向关系，领导能力越好的企业能够创造更好的企业绩效，反之，企业的领导能力差会给企业绩效带来诸多负面影响。[③]

蒂斯（Teece）指出由于每个企业能力都有其独特性，并且每种能力的大小也存在差异性，导致企业能力难以被复制和模仿，因此企业能力是企业产生绩效的一个重要的、不可或缺的因素。[④]

罗斯（Ross）等学者从动态资源管理的观点出发，检验了企业知识管理能力与企业绩效创造过程之间的关系，指出企业应当努力培养企业知识能力，其对企业的绩效会产生巨大的积极的正向影响。[⑤]

---

① Bourgeois, L. J. 1980. Strategy and environment: a conceptual integration. *Academy of management Review*, 5, pp. 25.

② Rumelt, R. P., Sehendel, D., Teece, D. J. Strategie management and economies. *Strategic Management Journal*, *Winter Special Issue*, 1991 (12), pp. 5—29.

③ Zahra, S. A. and J. G. Covin, Contextual influences on the corporate entrepreneurship-performance relationship: A longitudinal analysis, *Journal of Business Venturing*, 1995, 10(1), pp. 45—58.

④ Teece, DavidJ, Gary Pisano, Amy Shuen. Dynamic capabilities and strategie management. *Strategic Management Journal*, 1997, 18(7), pp. 509—533.

⑤ Ross, J. Ross, G. Dragonetti, N. C., Edvinsosn, L. *Intellectual Capital?: Navigating in the New Business Landscape*, London: Macmillan, 1997.

拉贡（Rangone）通过调查研究了14家不同行业的企业，发现有良好绩效的企业其企业的生产能力、营销能力和创新能力都比较好，它们呈正相关关系。①

布伦南（Brennan）认为企业的知识能力对企业绩效存在显著的正向关联性，企业的学习能力越好，企业创造的绩效就越显著。②

马库斯（Marcus）从两个方面来研究企业文化管理能力与公司绩效增长之间的关系。首先，他探讨了两者之间的内生关联性问题，并指出了企业文化是促进企业绩效增长的内生变量。其次，作为企业发展的决定因素的企业家资源，如果在企业日常活动中出现了效率低的情况，那么该企业的绩效将会因此停滞不前，甚至是倒退。③

罗森布鲁姆（Rosenbloom）依据NCR企业的实证分析，研究表明企业的动态能力在应对市场环境中的技术变革和进入新业务领域过程中起着关键作用，其对企业的绩效产生的影响至关重要。④

邦迪斯（Bontis）在马来西亚做了有关于企业的知识能力与企业绩效关系的实证研究，其研究结果表明，企业的知识与企业绩效存在着明显的关系，企业的知识资本程度高，企业绩效也会相应提高。⑤

艾哈迈德（Ahmed）通过以美国《财富》杂志中挑选的美国81家最大服务和制造跨国企业为样本，把81家企业在1987—1991年的全部资产相对增加值设为自变量，1992—1996年的企业全部资产增加值设为应变

---

① Rangone A. A Resource-based approach to strategy analysis in small-medium Sized enterprise, *Small Business Economics*, 1999, 12 (3), pp. 233—254.

② Brennan, N., Connell, B. Intellectual Capital: current issues and policy implications, *Journal of Intellectual Capital*, 2000, 1, pp. 206—240.

③ Marcus Dejardin. *Entrepreneurship and economic growth: an obvious conjunction? An introductive survey to specific topics.* Institute for Development Strategies Discussion Paper, Indiana University, Bloomington, Vol. 8, 2000, p. 17.

④ Rosenbloom R. S. Leadership, Capabilities, and Technological Change: The Transformation of NCR in The Electronic Era. *Strategic Management Journal*, 2000, 21(10—11): pp. 1083—1103.

⑤ Bontis, N., Keow, W. C. C., Richardson, S. Intellectual Capital and business Performance in Malaysian industries, *Journal of Intellectual Captial*, 2000, 1(1), pp. 85—100.

量，从资源基础理论和利益相关者理论的视角研究了企业能力对企业绩效的影响关系问题。研究发现企业能力与企业的绩效呈显著的正向相关影响。①

布兰茨（Branzei）认为企业应该积极从外部引进新技术，加强企业的知识吸收能力，企业通过积极学习和提升相关技能可以提升企业的绩效，加强企业的可持续竞争能力。②

戈尔（Goll）通过检验知识能力（高层管理者的教育水平与能力多样化）影响战略改变与企业绩效的理论模型发现，环境在战略改变与企业绩效的关系中具有调节作用。③

马尔凯塔（Marketal）从企业的学习能力及知识的角度对企业绩效的影响进行剖析，认为企业内部的学习能力及知识储备越好，其企业创造财富的能力就越强。④

威廉（William）研究认为，在动荡的企业外部环境下，认清动荡变化的环境可能为企业带来机遇，适时采用对环境的预警与响应机制抓住机遇、提升自身的环境管理能力、看好目标对改善企业的绩效成正比。⑤

---

① Ahmed Riahi-Belkaoui. Intellectual Capital and Firm Performance of US Multinational Firms. *Journal of Intellectual Capital*, 2003, 4(2), pp. 215—226.

② O. Branzei, I. Vertinsky, Strategic pathways to product innovation capabilities in SMEs, *Journal of Business Venturing*, 21(2006), pp. 75—105.

③ Goll, R., Johnson, N. B., Rasheed, A. A. Knowledge Capability, Strategic Chance, and Firm Performance: The Moderating Role of the Environment. *Management Decision*, Vol. 45, No. 2, 2007, pp. 161—179.

④ Marketal JE, Dowling MJ, Megginson WL. Cooperative Strategy and New Venture Performance: The Role of Business Strategy and Management Experience. *Strategic Management Journal*, 2009, 16(7), pp. 565—580.

⑤ William P. Wan, Daphne W. Yiu. From Crisis to Opportunity: Environmental Jolt, Corporate Acquisitions, and Firm Performance. *Strategic Management Journal*, Vol. 30, No. 7, Jul., 2009, pp. 791—801.

第四节 对现有理论及文献的述评

虽然各学派对企业环境、企业能力理论与企业绩效关系的研究成果丰富，做出了重要的贡献，但对于企业环境管理能力的问题还有很多没有得到解决的地方，主要体现如下。

首先，还没有对企业环境管理能力有一个科学合理、公认的定义，也尚未形成完整的企业环境管理能力理论体系。虽然也有学者试图对企业环境管理能力做系统分析，但由于在企业环境界定与企业环境到底包含哪些因素等基础性研究方面没有做好研究，因此，给出的一些分析与观点难以让人信服，所以很难对环境管理能力做进一步的研究。

其次，从文献综述的角度来看，研究的基本范式是：其一，对于企业环境管理能力与绩效关系的研究多集中在企业环境子环境或局部环境对企业绩效影响，很少从企业整体环境的角度对企业环境管理策略和绩效关系进行深入研究与探讨；其二，从企业环境、管理要素、企业绩效出发，将企业环境作为管理的外部变量，而没有考虑企业管理能力在影响、改变或创造新环境方面的主体性问题。因此，本书就着重就企业环境管理能力这个方向入手，从环境整体性的角度把企业环境划分为可控环境与不可控环境两个方面，这两个方面与企业绩效结合在一起就得到了企业环境的内生化研究的模型。

最后，从研究的方法方面来看，以往的实证研究定性分析的居多，定量分析的较少。本书通过充分运用相关统计方法，找出研究框架中各变量之间的因果或相关性联系，力求更多地运用实际数据来分析其中的内在规律性，使得理论分析和描述建立在对可靠实际数据进行统计分析的基础之上。

第五节　本章小结

本章首先对企业环境理论，包括权变理论、种群生态理论、资源依赖理论、商业生态系统理论和企业能力理论，包括资源基础理论、核心能力理论、动态能力理论、企业知识基础理论等做了一个简要的概述。其次，总结了国内外对企业环境管理能力与企业绩效影响关系的相关文献。最后，对现有理论及文献进行述评，并对研究方法等方面的研究现状进行了介绍，为本书展开理论与实证研究奠定理论基础。

第三章　企业的环境管理能力与企业绩效关系

第一节　企业环境的概念及分类

一　企业环境的概念

企业环境的分析或企业环境的扫描是企业战略管理过程的一部分，是企业战略形成和执行的先决条件。它包括对企业内外部信息进行监控和评估，然后将信息发布给企业内部的关键性人物，这主要是因为企业自身优势及其外部机会和威胁对他们的决策是至关重要的。如上所述，对企业环境变化的准确预测，一方面降低了环境突发事件给企业造成的危害；另一方面，则增加了企业的行业竞争优势，尤其是当其竞争对手很少采取积极行为时更是如此。所以，我们在对企业环境分析前梳理企业环境的概念及分类是必要的。

企业环境是指企业赖以生存和发展的各种内部因素和外部因素的总和，它对企业产生直接或间接的影响。而影响企业环境的因素又是多方面的、复杂的，既有经济因素，又有自然资源、人力资源、技术、文化等因素，还有政治、社会的因素，这些因素相互依存、相互制约，综合地对企业的经营与生产活动产生影响，制约企业的行为。同时，企业对环境的管理策略与手段又影响了环境的变化，尤其在影响企业具体环境方面，可以通过对自身内外部环境的有效管理发挥企业在生产经营活动中更大的能动性。所以，对企业环境管理的研究是一个非常复杂的过程，从企业环境的特征来看，它具有复杂性、动态性、敌对性等，从环境对企业的影响因素的子系统来说，又可以从宏观环境子系统、市场环境子系统、企业内部环境子系统、自然环境子系统来划分；而从环境管理的方式来说，又可分为主动性管理与适应性管理。

首先，在研究之前先来对环境的概念做一个界定。“环境”在《韦氏词典》（*Merriam Webster's Online Dictionary*）[①] 中的解释为：周围的情况、物体或要素。但在《现代汉语词典》中，环境则被解释为事物周边的情况和条件。美国学者汤普森在其所著的《行动中的组织——行政理论的社会科学基础》中认为“环境是一个剩余的概念，它指所有的‘别的因素’”[②]；霍利（Hawley）把环境定义为：“被研究主体以外的一切能对研究主体产生实际或潜在影响的因素总和。”[③] 杜肯（Duncan）就将企业环境定义为：“企业中做出决策的个体或群体所需要直接考虑的物质和各种社会因素的总和。”[④] 卡斯特和罗森茨韦克认为，“环境就是组织界线以外

① 韦氏词典：Environments—The circumstances, objects, or conditions by which one is surrounded。

② 詹姆斯·汤普森：《行动中的组织——行政理论的社会科学基础》，敬乂嘉译，上海人民出版社 2007 年版，第 33 页。

③ Hawley, Amos H., Human Ecology, David L., Sills(ed.), *International Encyclopedia of The Social Sciences*, New York: Macmillan, 1968, p. 330.

④ Duncan, Robert B., Characteristics of perceived Environments and Perceived Envionmental Uncertainty. *Asministrative Science Quarterly*, 17, pp. 3, 14.

的一切事物”①；明茨伯格认为环境是“组织以外的所有东西”②；达夫特认为企业环境是“存在于企业边界之外，并可能对企业的全部或部分产生影响的所有因素”③；而罗宾斯（Robbins）在其所著的《管理学》④中认为企业环境是“对企业绩效起着潜在影响的力量或外部机构”。当然，这也是现代环境观对企业环境定义的主流观点。

二 企业环境的分类

对于企业环境的分类，国内学者刘延平认为企业环境可分为企业内部环境与企业外部环境，并且对企业的内部环境和外部环境构成及特点做了分析。⑤ 席酉民则认为企业“内部环境主要讨论企业组织制度、企业内部氛围和政策形成的感受系统，而外部环境主要是企业发展必须依赖的和无法回避其直接影响的企业外部系统”⑥。李汉东等认为不确定性对企业的影响可以分为企业外部环境因素和内部因素两个方面。⑦ 赵锡斌从系统理论的视角出发，认为应该把企业环境看作一个整体性的概念。⑧ 因此，把企业环境定义为是一些相互依存、互相制约、不断变化的各种因素组成的一个系统，是影响企业组织决策、经营行为和经营绩效的现实各因素的集合。在此概念下，可再分为企业内部环境和外部环境两个子概念，

---

① 弗莱蒙特·E. 卡斯特、詹姆斯·E. 罗森茨韦克：《组织与管理：系统方法与权变方法》，傅严、李柱流等译，中国社会科学出版社 2000 年版，第 164 页。

② 亨利·明茨伯格、布鲁斯·阿尔斯特兰德、约瑟夫·兰佩尔：《战略历程：纵览战略管理学派》，刘瑞红、徐佳宾、郭武文译，机械工业出版社 2002 年版，第 195 页。

③ 理查德·L. 达夫特：《组织理论与设计》，王凤彬、张秀萍等译，清华大学出版社 2003 年版，第 149 页。

④ 斯蒂芬·P. 罗宾斯：《管理学》，中国人民大学出版社 1997 年版，第 64 页。

⑤ 刘延平：《企业环境与国际竞争力》，《辽宁大学学报》1995 年第 5 期，第 86—88 页。

⑥ 席酉民：《企业外部环境分析》，高等教育出版社 2001 年版，第 1 页。

⑦ 李汉东、彭新武：《战略管理前沿问题研究：变革与风险——不确定条件下的战略管理》，中国社会科学出版社 2006 年版，第 1 页。

⑧ 赵锡斌：《企业环境分析与调适——理论与方法》，中国社会科学出版社 2007 年版，第 69 页。

并提出关于企业环境系统的划分，把企业环境系统划分为宏观环境子系统、市场环境系统子系统、自然环境系统子系统及企业内部环境系统子系统（图3－1）。通过这四个子系统间的交叉作用与联系，对企业环境系统的反映则更加全面、形象与生动。

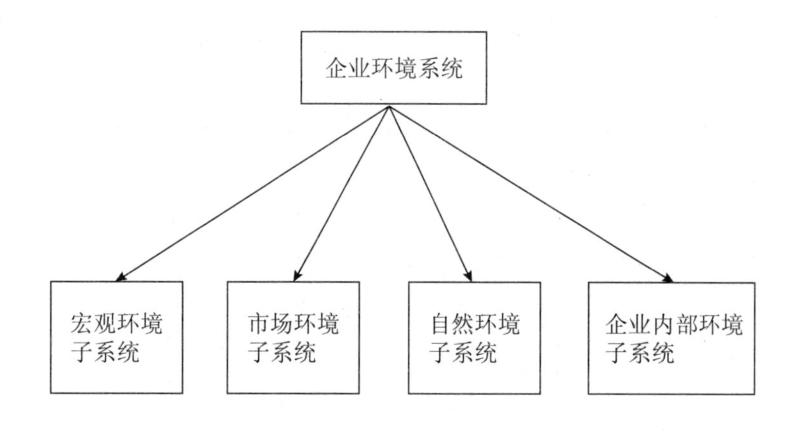

图3－1 企业环境系统的划分

资料来源：根据赵锡斌《企业环境分析与调适——理论与方法》（中国社会科学出版社2007年版）第21页图整理。

根据以往文献的研究结果，一般来说，企业对环境的管理可分为企业对内部环境的管理和企业对外部环境的管理。企业内部的环境管理是指对企业内部的各个职能部门（如财务部、研发部、销售部和人力资源部等）和员工之间关系的管理，使得企业在一个有序的环境下运作。所以，对企业内部的环境管理的主要目的在于创造良好的企业文化、建立起共同的价值观和塑造优良的团队精神。通过对企业内部的环境管理使得企业创造出一个和谐的内部人文环境，让员工有一个可以自由发挥的工作平台。企业外部的环境管理是对企业外部的各个因素（如政治、法律、社会文化和经济等）的控制管理。企业的外部环境对企业的影响是客观存在的，作为企业的管理者来说，就必须对外部环境加以重视，收集、整理有关外部环境的数据，并加以有效地提炼，为企业的管理者做出决策提供信息的支持。

伊恩·沃辛顿和克里斯·布里顿所著的《企业环境》一书中将企业环境划分为“总体”环境或“背景”环境和“即时”环境或“运营”环境（图3－2）。在总体环境中又包含经济、政治、法律、社会及其他等要素；即时环境中包含供应商、竞争者、劳动力市场、金融机构及其他等要素。

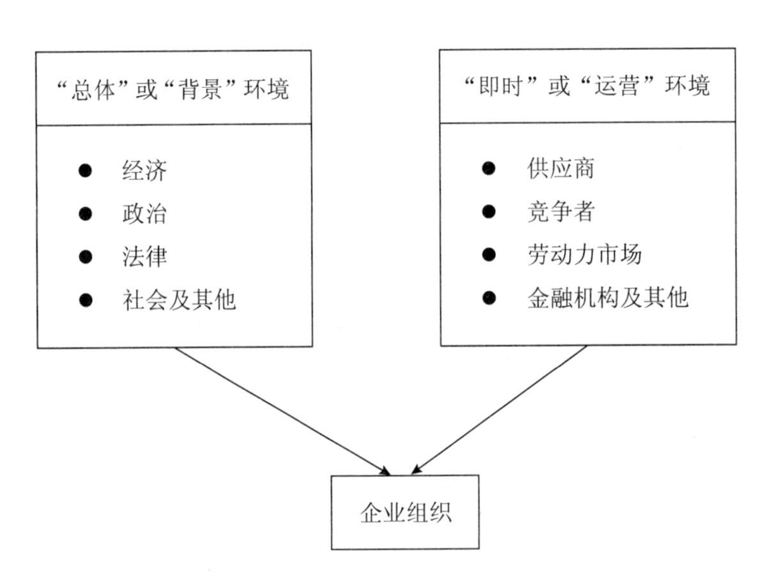

图3－2 企业环境架构

资料来源：伊恩·沃辛顿、克里斯·布里顿：《企业环境》，徐磊、洪晓丽译，经济管理出版社2005年版。

在《企业环境》一书中，主要是通过四个部分的论述来说明公司和其环境的关系（图3－3）。从图3－3中可知，作者把本书分成了四个部分，从介绍公司的发展历程开始，而后详细讲述了公司环境中的可控与不可控部分，最后总结企业应当如何对其所面临的可控与不可控环境进行管理。从这四大部分内容可以看出，作者基本上把外部环境（经济的、政治的、社会的等）因素都归结为不可控环境，而把内部环境（如法律结构、组织结构等）都归结为可控环境，并提出使企业

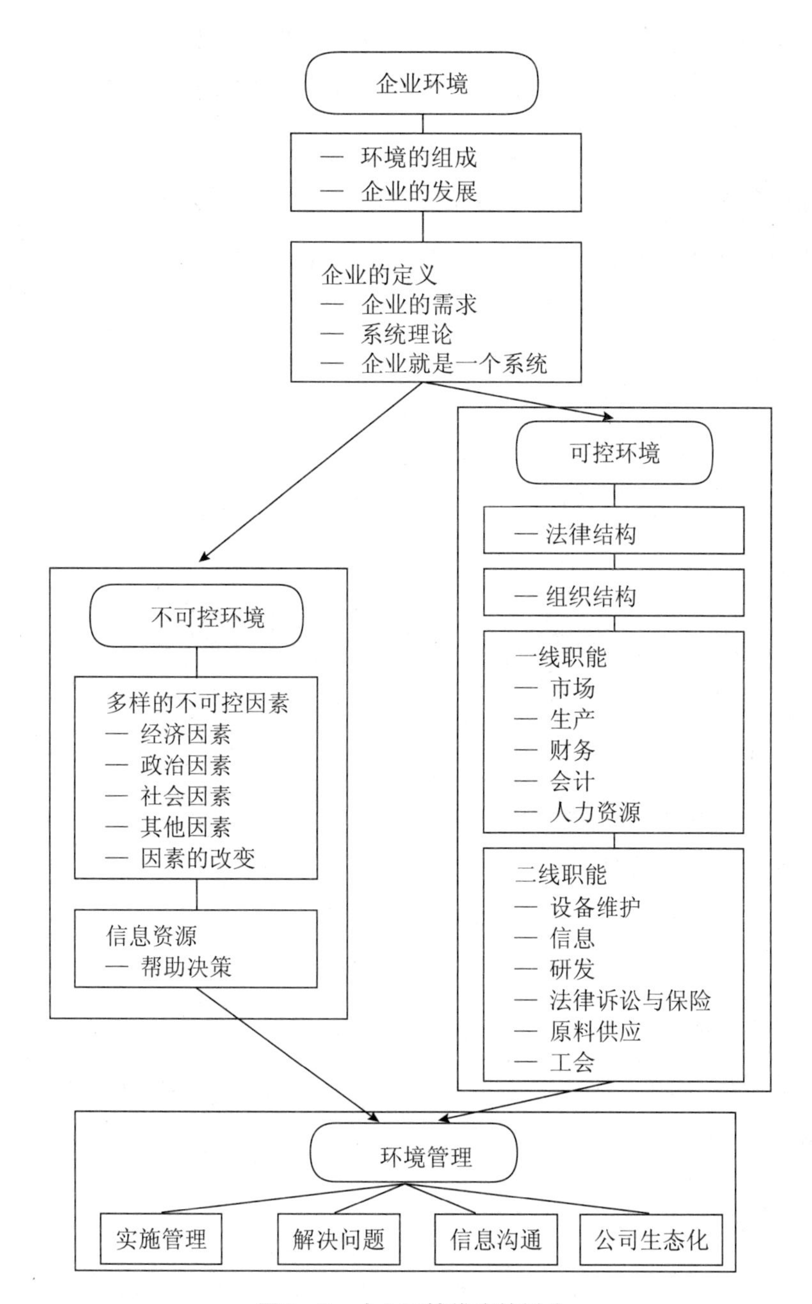

图3-3　企业环境维度的划分

资料来源：Gagnon，Savard，Carrier，Decoste，l'entreprise et son environnement，gaetan morin editeur，1990.

生态化的观点。虽然作者对企业环境进行了可控与不可控的划分，但作者这样把内部环境划分为可控而外部环境划分为不可控的分类方法还是有待商榷的。毕竟环境是一个整体，笔者认为不应把公司所面对的环境简单地分为内部和外部、可控与不可控，很多情况下也许不可控的因素通过公司自身的努力可以变成可控的因素，这也是本书所要研究的重点。

第二节　企业能力的概念及分类

企业能力一直以来都是学术界研究的重点，不同的学者、不同的流派从不同的视角对企业能力进行研究，由此，企业能力的定义就多种多样。如能力、能耐、技术能力、核心能力、动态能力、技能、竞争力等。尽管企业能力的定义多种多样，但是学者科里斯（Collis）认为，企业能力主要分为三种类型：第一种类型是指能比竞争者更有效率地完成企业基本职能活动的能力；第二种类型是指与企业能力的动态演进有关的能力；第三种类型与动态改进紧密相关，但包含了更加形而上的战略洞察力，使企业能够在其竞争者之前识别出其他资源的内在价值或者开发出新的战略。[①] 因此，本书对不同视角、不同类型的企业能力定义进行了归纳（表 3－1）。

① Collins D. J. Research Note：How Valuable are Organizational Capabilities. Strategic Management Journal，1994，15，pp. 143—152.

表3-1　企业能力的各核心概念定义

概念	定　义	来　源
能力	能力是指知识、经验和技能，它依赖于企业所控制的某些特定技术、技能和知识及在特定市场中的声誉等要素	Richardson(1972)
	能力是指企业识别、拓展及开发商业机会的能耐	Carlsson and Eliasson(1994)
	能力就是企业或者它的次级单位可靠地、一致地实现或者超越目标的能力	McGrath, MacMinan and Venkataraman(1995)
	能力反映企业借助整合利用知识、无形与有形资源的特定组合以达成目标的程度	Hitt et al. (1997)
企业能力	企业能力是指能使一个企业比其他企业做得更好的特殊物质	Selznick(1957)
	企业能力是用来实现企业经营目标的资源与技能存在、组合与相互协作的方式	Hofer and Schendel(1978)
	企业能力是指具有战略意义的经营流程	Stalk(1992)
	企业能力是指企业为达成预期效果而组合、运用现有资源与组织程序的能力	Grant(1996)
核心能力	核心能力是指企业独特的、难以复制的、有价值的企业文化	Barney(1986)
	核心能力是企业内部带来竞争优势的一系列不同的技能、互补性资产和管理	Teece(1990)
	核心能力是各种资产与技能的协调配置，是企业中难以完全仿效的有价值的组织文化	Thomas Durand(1997)
	核心能力是组织资本与社会资本的有机结合，组织资本反映了协调和组织生产的技术方面，而社会资本显示了社会环境的重要性	Eriksson and Mickelson(1998)
动态能力	动态能力是企业整合、构建和重构内外部能力以便快速回应环境变化的能力	Teece、Pisano and Shuen(1997)
	动态能力是指一种习得的、稳定的集体性行动模式，组织为了追求效能的改进而通过这种模式来产生和修改它的操作性惯例	Zollo and Winter(2002)
	动态能力是重构职能能力以应对动荡环境的能力	Pavlou and EL Sawy(2006)
	动态能力是企业不断整合、重新配置和更新资源、再创造自身能力的行为导向	Catherine L., Wang and PERVAIZ K., Ahmad(2007)

综合各学者的观点可以发现，企业的能力来源于企业中存在的独特能力——企业有意识地对这种能力进行强化和培养，就可以使这种能力越来越强大，并且最终可以形成支持企业持续成功的企业能力。相关的企业理论研究认为，企业组织就像自然界中的有机体一样，依赖自身的能力及环境资源规模来维持自己的生存和发展，在一定的资源状态下，企业组织所具有的能力越强，它的生存状态就会越好，成功的可能性就越大。所以，企业需要具有以下意识：第一，能力是企业能否成功的关键。尽管资源规模、运气及努力都可以对企业的成功产生影响，但是在激励竞争的市场环境中，真正能够决定企业命运的因素还是能力，如果企业想获得更大的、持续的成功，企业就必须具有相应的能力。第二，企业的能力是可以培养出来的。就像人的能力可以培养和提高一样，企业的能力同样是可以培养和提高的。只要企业具有相应的观念和认识，掌握了正确的方式和方法，就可以发展和培养出相应的能力，这样的能力就可以支持企业的持续成功。第三，能适应企业环境变化的能力才是有价值的。在竞争激烈的市场环境中，企业就需要具有比竞争对手更强的环境适应能力，这样的能力才可以保证企业能够获得更多的相关资源，才可以保证企业能够在竞争中胜出，所以，有能力的企业可以发现和利用能力改善环境从而应对复杂的企业经营问题。

第三节　企业环境管理能力的概念及分类

对于不断发展和变化的环境及企业来说，能力永远是相对的，企业应当根据市场和企业的现实需求，对自己所选择的能力进行新的定义，赋予它新的活力和生命力，对于这一点企业一定要有足够的认识，不合时宜的能力是没有价值的。由于本书在对环境理论与能力理论及相关文献的研究基础上发现，直接对企业环境管理能力的研究成果几乎没有，因此，本书在结合企业环境理论与企业能力理论的基础上汲取了前人相关研究成果，从企业环境要素转化的角度，研究并定义了企业的环境管理能力。

首先，本书借鉴了伊恩·沃辛顿在《企业环境》一书中对于环境维度的划分方法，把企业环境划分为可控环境与不可控环境两个方面，这两个方面与企业绩效结合在一起就得到了企业环境的内生化研究的模型，如图3－4所示。首先，假设 $X \to 0$ 点表示企业对自身内外可控环境的管理越糟，$X \to \infty$ 表示企业对自身内外可控环境管理越好；$Y \to 0$ 点表示企业自身内外不可控环境对企业的经营产生越多的负向的影响，$Y \to \infty$ 表示企业自身内外不可控环境对企业的经营产生越多的正向的影响；$Z \to 0$ 点表示企业的经营绩效越糟，$Z \to \infty$ 表示企业的经营绩效越好。其次，由实际的情况可知，定义 $X > 0$，$Y > 0$，$Z > 0$。最后，我们可以把该图表示成企业绩效和企业环境管理之间的函数 Z = ？（x，y） = a（x y）b，其中企

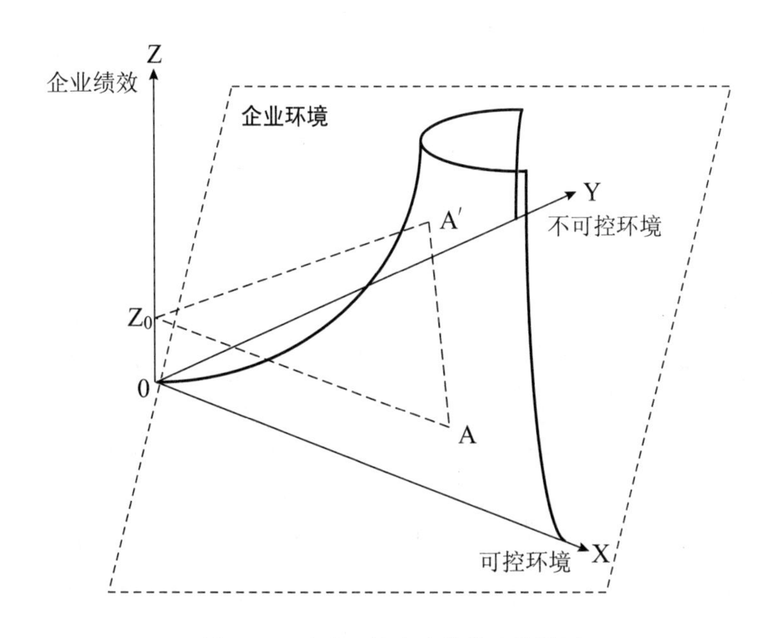

图3－4　企业环境内生化的理论模型

业环境管理分为了 X 和 Y 两个变量维度（X 代表企业可控环境管理好坏、Y 代表企业不可控环境对企业的影响好坏），Z 代表企业绩效，a、b 为常数。

通过以上企业环境的内生化研究，本书把企业环境划分为可控环境与不可控环境两个维度考察其对企业绩效的影响，并建立了理论模型图，通过图形可以发现企业的绩效将受到企业可控环境要素与企业不可控环境要素的影响，而企业可以通过将不可控的环境转化为有利于企业发展的可控环境来影响企业的绩效。研究发现可控环境要素之所以称为可控，就是因为企业有能力使其为企业的经营发展服务。但是不可控环境要素却恰恰相反，企业现有的能力无法控制的环境要素，是否朝着有利于企业的方向发展企业无法控制，既有可能朝着有利于企业的方向发展也有可能朝着不利于企业的方向发展，存在极大的风险性。虽然现在的企业建立了此类的风险预警与应急机制，但效果往往有限，怎样提高企业环境中的可控要素，减少不可控要素，则是本书研究的重点——企业对环境的管理能力。因此，本书把企业对环境的管理能力定义为企业将不可控环境转化为有利于企业发展的可控环境的能力。

其次，通过以上对于企业环境内生化及可控与不可控环境对于企业绩效影响的区分后，本书把企业环境管理能力定义为企业自身内外不可控环境转化为可控环境的过程能力，即企业把不可控环境要素转化为可控环境要素进行管理的能力，这样就提高了企业对可控环境管理要素的数量，使企业有能力控制管理更多的环境要素使之有利于企业经营发展的方向，进一步降低企业的风险（图 3－5）。

由图 3－5 可知，首先，假设企业环境总量为 1；Y 表示企业自身内外的不可控环境数量，X 表示企业自身内外的可控环境数量，Y→0 点表示企业自身内外不可控环境的数量越少（都为可控环境，没有不可控环境），Y→1 表示企业自身内外不可控环境的数量越多（都为不可控环境，没有可

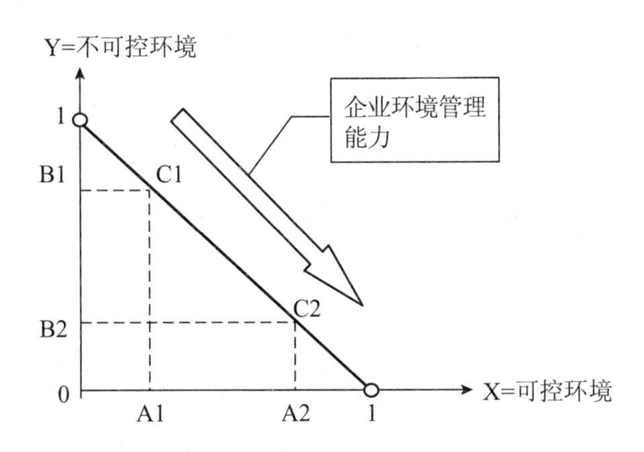

图 3-5　企业环境管理能力界定的理论模型

控环境）；X→0 点表示企业自身内外可控环境的数量越少（都为不可控环境，没有可控环境），X→1 表示企业自身内外可控环境数量越多（都为可控环境，没有不可控环境）。其次，由实际的情况可知，X≠1，Y≠1，即对于企业来说，不可能存在的所有环境都为可控或不可控的情况。最后，由图可知 X 轴对应的点 B1、B2 表示企业自身内外部不可控环境的数量多少；Y 轴对应的点 A1、A2 表示企业自身可控环境的数量的多少，B1 点与 A1 点对应的点为 C1、B2 点与 A2 点对应的点为 C2，那么可以看出点 C1 到 C2 的转化过程即为企业自身内外不可控环境转化为企业自身内外可控环境的过程。本书即把这个转化过程定义为企业的环境管理能力。

第四节　企业绩效评价系统的内涵及维度的划分

企业绩效是一个多义的概念，目前学术界对于企业绩效的定义与概念尚没有完全统一。学术界普遍对企业绩效的解释或定义主要有三种观点。

首先是以 Campbell 等人认为的企业绩效行为观，认为企业绩效是与企业目标有关的行为或行动。[①] 其次是 De Brentani 等人认为的企业绩效结果观，认为企业绩效与企业的工作或行为的结果密切相关。[②] 最后是以 Brumbrach 为代表的企业绩效行为结果观，他们认为企业绩效是与企业行为与结果两个方面都密切相关，不仅单独和行为或单独和结果相关。[③] 笔者在这里同意最后一种对于企业绩效认识的观点，认为企业绩效和企业的行为与结果都有密切的关系。企业绩效必须通过组织或企业的行为与企业目标实现结果两个方面来衡量，这样也更符合企业的评价要求。

企业绩效在评价企业经营管理上的重要地位毋庸置疑。但我们也应当认识到，对于企业绩效的衡量与评价至今还没有一个统一的标准，有的学者以投资报酬及获利率等财务指标作为衡量与评价企业绩效的标准，也有的学者以企业的生产能力、员工的满意度等指标来描述或评价企业的绩效。因此，目前对于企业的绩效的测量与评价从理论与实际上来说是多方面的。学者万（Van de Ven）就认为传统的财务绩效指标是研究者最常用来衡量与评价企业经营绩效的指标，如投资回报率、营业额和利润等指标。[④] 芬卡特拉曼（Venkatraman）提出了企业组织绩效分类理论的一个新的理论模型，他把企业绩效分为财物绩效和非财务绩效两个维度，并通过将以往所有对企业绩效测量与评价的方法归纳与整理，将企业绩效分为主观评价与客观评价两个评价维度。[⑤] 学者斯莱文（Slevin）通过对五家国外大型企业的调研发现了企业绩效测量与评价的十个主要维度指标，这些指

---

① Campbell J. P. , Mc Cloy R. A. , Oppler S. H. , Ssger C. E. , *A Theory of Performance*, 1993.

② De Brentani, U. , Success and Failure in New York Industrial Services, *Journal of Product Innovation Management*, 1989, pp. 239—258.

③ Brumbrach. *Performance management.* London: The Cronwell Press, 1988, p. 15.

④ Van de Ven, Andrew H. &Diane L. Ferry, *Measuring and Assessing Organizations*, John Wiley & Sons, 1980.

⑤ Venkatraman N. &Ramanujam V. , Measuring of Business Performance in Strategy Research: A Comparison of Approaches. *Academy of Management Review*, 1986 (11), pp. 801—814.

标分别是企业的质量管理指标、服务与产品指标、企业自身的组织结构指标、员工的绩效指标、供应商顾客指标、企业文化指标、企业竞争指标、企业内外部交流沟通指标、人力资源指标、战略导向指标。[①] 学者墨菲（Murphy）则通过对1987—1993年一些学者对企业绩效研究相关的文献整理归纳后发现，其中被最常用于企业绩效测量与评价维度有三个指标，即生产效率、成长动力、利润水平，它们分别占到了关于企业绩效问题研究总数的30%、29%、26%。其中有75%、25%和6%分别采用客观指标、主观指标和主客观混合指标来测量或评价企业绩效。[②] 而学者巴内（Barney）则把企业绩效分成企业的生存绩效和成功绩效来测量，这种观点认为企业持续健康地存在于发展是企业高生存绩效的标准。而企业持续地为顾客与客户创造价值则是企业成功绩效的重要测量指标，这时就可以认为企业是成功的、有效率的。[③] 安托努奇（Antonicic）把企业绩效的衡量分为获利性指标和成长性指标，而获利性指标和成长性指标又分为相对获利性指标、相对成长性指标和绝对获利性指标、绝对成长性指标四个子指标。其中，绝对成长性指标和绝对获利性指标则是用企业过去三年销售额的平均增长率与员工的平均增长率和过去三年企业平均资产回报率、平均股东权益回报率和平均销售额回报率等指标来衡量，相对成长性指标和相对获利性指标是用过去三年企业的企业相对竞争对手业绩表现和市场份额增长率这两个客观和主观指标来衡量。对于企业绩效的衡量一般来说无非有两个方面指标：一个是企业的财务指标，如企业的非利润率、营业额等；另一个为企业的财务指标，而非财务指标的引入则对企业经营是否成

---

① Slevin, D. P., & Covin, J.. Entrepreneurship as firm behavior. Advances in Entrepreneurship, *Firm Emergence, and Growth*, 2, 1995, pp. 175—224.

② Murphy, G. B., Trailer, J. W., & Hill, R. C.. Measuring Research Performance in Entrepreneurship. *Journal of Business Research*, 1996, 36, pp. 15—23.

③ Barney J. B., Film Resources and Sustained Competitive Advantage. Journal of Management, 1991 (17), pp. 99—120.

功，对于企业真实绩效也起着积极的作用。① 学者贾宝强、罗志恒发现企业的非财务绩效与企业的财务绩效在对企业绩效的评价中有一定的关联性，他们通过对144家处于中国长春地区的企业的调研发现，由于企业所处内外部环境多变的原因，财务绩效指标并不能完全很好地反映企业真实绩效的状况，而结合非财务绩效指标的测量则可以更好地对这一问题予以解决。②

通过以上相关理论文献的分析，本书通过结合财务指标和非财务指标这两个维度综合反映企业绩效的方法，设计如下几个问题来共同反映企业的绩效状况。如与同行业平均水平比，企业的利润率较高；与同行业平均水平比，企业的资产回报率较高；与同行业平均水平比，企业的投资收益率较高；与同行业平均水平比，企业的市场份额与竞争力较高；与同行业平均水平比，企业的技术创新能力较强；与同行业平均水平比，企业的营销能力较强；在本企业工作的满意程度较高等几个问题。

第五节 企业环境管理能力与企业绩效关系的理论分析模型

通过前面理论的分析可以认识到企业环境管理能力对企业的重要性，尤其是在信息和知识经济时代，企业环境的特点就是变化，而且变化的速度越来越快。在这样的环境中，企业最重要的能力表现为能够很好地组织、配置自身资源，创造性地解决企业所面对的问题，并迅速地把它们转

① Antonicic, H. H. Network-based Research in Entrepreneurship: A Critical Review. *Journal of Business Venturing*, 2001 (16), pp. 429—451.

② 贾宝强、罗志恒：《公司创业视角下企业战略管理理论与实证研究》，博士学位论文，吉林大学，2007年。

化为价值，使企业能够获得相应的绩效。为了更加详细和具体地了解企业环境管理能力与企业绩效之间的关系，本书构建了一个理论模型，如图3－6所示。

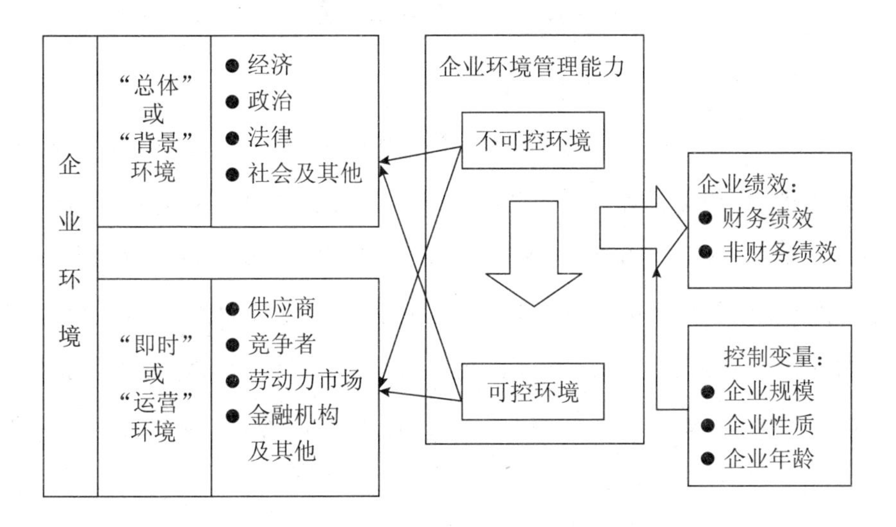

图3－6　企业环境管理能力与企业绩效关系的理论模型

由图3－6所示，本书构建理论模型的基本思路是：第一，本模型成立的基本假设前提是每个企业所面对的环境总量值唯一；第二，根据本书对企业环境管理能力的定义，本书把企业环境管理能力表述为企业在对自身环境进行管理的过程中把其自身不可控环境转化为可控环境的能力；第三，由于不可控环境与可控环境间存在转化关系，因此对于不同的企业来说其不可控环境要素与可控环境要素可以相互转换；第四，本书在模型中对不可控环境及可控环境中的各个环境要素的划分根据的是国外学者伊恩·沃辛顿对环境维度的划分方法；第五，根据相关文献的研究，本书在模型中将企业绩效划分为财务绩效与非财务绩效两个方面来衡量；第六，由于考虑到不同类型、不同规模、不同性质企业在企业环境管理能力（转化能力）上的不同特点，为了研究的准确性，模型将企业规模、企业年龄、企业性质纳入其中作为企业的控制变量。

第六节 本章小结

本章从环境的概念及内涵入手，首先研究与分析了企业环境的一些相关概念及国内外学者对企业环境的不同分类方法，并对这些企业环境的分类方法做了一个简要的比较研究。在简要的比较研究的基础上，本书采用了国外学者对伊恩·沃辛顿企业环境划分维度的观点，将企业环境分为企业的背景环境和运营环境两个子环境概念，并把经济环境、政治环境、法律环境、社会及其他环境纳入背景环境中；供应商环境、竞争者环境、劳动力市场环境、金融机构及其他环境纳入企业运营环境中。

其次，在确定了企业环境维度的划分方法后，本书研究并定义企业环境管理能力，即企业通过自身的有效管理将自身不可控环境转化为适合自身经营发展的可控环境的能力。当然，这样的定义存在一个最基本的假设前提，就是每个企业所面对的环境总量值唯一，这样企业才能在降低不可控环境要素数量的情况下提高可控环境要素的数量从而检验其与企业的绩效的关系。

再次，本书还研究企业绩效的相关文献，以及对企业绩效维度的划分及测量方式，并确定本书采用财务绩效和非财务绩效两个维度相结合的方式考察企业绩效的问题。

最后，在本章节的最后，通过分析、总结和概括以上诸多要素、维度的确定与划分，提出了企业环境管理能力（转化能力）与企业绩效关系的概念模型。

第四章　研究假设与设计

在第三章中，本书分析界定了企业环境、企业能力和企业环境管理能力的相关概念，并依据企业将自身不可控环境转化为可控环境能力的多少与强弱进而影响企业的经营绩效的研究路径，提出了企业环境管理能力与企业绩效关系概念模型。因此，本章将在之前章节理论推导和企业环境管理能力分析与维度划分的基础上，提出基于企业环境管理能力与企业绩效关系概念模型的一般理论假设。

第一节　企业环境管理能力与企业绩效的基本假设

笔者在梳理文献时发现有些学者将环境作为调节变量来研究环境与能力、绩效之间的关系。克拉森（Klassen）建立了理论模型研究企业环境与企业经济绩效的相互关系，其研究结果显示企业环境与企业绩效存在正相关关系，并指出企业环境管理是企业管理中的重要组成部分。[①] 蒂斯（Teece）指出，企业要构建对环境的管理能力使其在不断变化的环境中获

---

① Klassen R. D. , MeLaughlin C. P. , The Impaet of Environmental Management on Firm Performance, *Management Seienee*, 1996 (42), pp. 1199—1214.

得新的竞争优势。[①] 胡利（Hooley）调查了匈牙利、波兰和斯洛文尼亚的205家B2B服务企业和141家B2C服务企业，发现具有较高市场导向水平的企业，往往处于动荡和变化迅速的市场环境之中，企业环境管理的能力具有显著的优势，能在复杂多变的企业环境中使用生存，并取得良好的企业绩效。[②] 娄文信（Wen-Shinn Low）研究了企业环境—企业能力—企业战略—企业绩效之间的相关性。文章根据中国大陆和台湾地区纽扣行业的对比分析得出，中国大陆的企业和台湾地区的企业，其企业环境、企业能力与企业战略与企业绩效都呈正相关关系。[③] 基于以上相关文献的研究，本书提出了关于企业环境管理能力与企业绩效间关系的基本假设：H. 企业环境管理能力与企业绩效之间呈正向影响。

并提出以下两个子假设：

H1. 企业对背景环境管理能力（转化能力）与企业绩效呈正向影响。

H2. 企业对运营环境的管理能力（转化能力）与企业绩效呈正向影响。

布儒瓦（Bourgeois）研究了很多关于企业能力要素对企业本身的影响，认为企业能力的因素不但决定了对特定产品和服务的需求，而且决定了为提供这些产品和服务而创建的企业的若干特性，并认识到企业对技术环境的管理能力（对生产技术高低与生产加工方式的差异）所带来的企业绩效的变化。[④] 杜少平认为企业的生产经营活动会受社会环境因素影响，

---

① Teece D., Pisano, G., Shuen, A., Dynamic Capability and Strategic Management, *Strategic Management Journal*, 1997, 18 (7), pp. 509—533.

② Hooley, Graham, John Fahy, Gordon Greenley, Jozsef Beracs, Krzysztof Fonfara and Boris Snoj. Market Orientation in the Service Sector of the Transition Economies of Central Europe, *European Journal of Marketing*, 37(1/2), pp. 86—106.

③ W. S. Low & S. M. A Comparison Study of Manufacturing Industry in Taiwan and China: Manager's Perceptions of Environment, Capability, Strategy and Performance, *Asia Pacific Business Review*, 2006 (12), pp. 19—38.

④ Bourgeois, L. J. 1980. Strategy and environment: a conceptual integration. *Academy of management Review*, 5, p. 25.

它会通过直接或间接的作用，影响与企业直接相关的生产与消费环境来影响企业。因此，要全面地反映社会文化要素对企业的生产经营产生的影响，就必须从社会环境的三个重要要素入手，它包括社会环境中的人口因素、社会环境的文化因素及社会环境的物质因素。[①] 施伦普（J. E. Schrempp）认为企业所处的经济环境是其参与其中的具有特征的经济体和该经济体的发展方向。一个国家的经济发展情况可以作为衡量这个国家发展水平的总体指标之一，大致的内容包括一个国家的经济结构、发展速度、经济效益、经济总量与经济特征。一个国家发展经济的水平决定了该国企业发展的程度。从总体上来讲，经济环境对企业的影响更直接且具体。从企业的视角分析经济环境对企业的影响因素可以分为经济发展状况、消费状况、投资状况、对外贸易状况等。[②] 张维迎通过研究发现我国企业试图通过政治活动改变政府决策进而为企业创造良好政治环境的行为要远多于西方发达国家的企业。例如，企业积极向政府争取基金的支持以用于改造自身的技术提高企业的核心竞争力；汽车行业通过对政府的作用，影响政府对该行业制定的政策标准等。[③] 柯克曼（Kirkman）认为社会文化要素即民族、人口、社团、信仰、价值观、人们的文化增长率程度等因素会影响企业的行为，企业对于这些要素的适应能力以及对这些要素之间的协调能力都会影响到企业的绩效和产出。[④] 钟竞、陈松研究了企业外部环技术境动态性、竞争强度与需求不确定性等外部环境要素对企业探索式创新能力和利用式创新能力之间平衡性的影响，发现企业在技术环境动态性大的情况下追求

---

① 杜少平：《社会文化环境与企业管理》，《经营与管理》1989 年第 2 期，第 37—38 页。

② J. E. Schrempp, The Word in 1999, Neighbours across the pond, *The Economist Publications*, 1999, p. 28.

③ 张维迎：《企业寻求政府支持的收益、成本分析》，《新西部》2001 年第 8 期，第 55—56 页。

④ B. L. Kirkman, K. B. Lowe, & C. B. Gibson, 2006, A quarter of a century of culture's consequences: A review old empirical research incorporating Hofstede's cultural values framework. *Journal of International Business*, 37, pp. 285—320.

创新平衡性，而创新给企业绩效带来的影响与企业的市场占有、新产品市场优势、竞争地位及新产品进入市场速度呈显著正相关关系。[①]

基于以上理论与文献的研究，本书为了验证企业背景环境中各个子环境要素管理能力对企业绩效的影响又进一步提出了关于企业背景环境管理能力（转化能力）与企业绩效关系的假设：

H11. 企业对经济环境的管理能力（转化能力）与企业绩效呈正向影响。

H12. 企业对政治环境的管理能力（转化能力）与企业绩效呈正向影响。

H13. 企业对法律环境的管理能力（转化能力）与企业绩效呈正向影响。

H14. 企业对技术环境的管理能力（转化能力）与企业绩效呈正向影响。

H15. 企业对社会文化环境的管理能力（转化能力）与企业绩效呈正向影响。

H16. 企业对社会道德环境的管理能力（转化能力）与企业绩效呈正向影响。

扎赫拉（Zahra）通过研究发现，企业内部领导者的能力与企业绩效具有较显著的正向关系，领导能力越好的企业能够创造较好的企业绩效，反之，企业的领导能力差会给企业绩效带来诸多负面的影响。[②]刘军等研究了企业竞争环境与企业绩效的关系，提出了一个关于企业竞争环境、企业价值观型领导行为及企业绩效三者之间互动的理论模

① 钟竞、陈松：《外部环境、创新平衡性与组织绩效的实证研究》，《科学学与科学技术管理》2007 年第 5 期。

② Zahra, S. A. and J. G. Covin, Contextual influences on the corporate entrepreneurship-performance relationship: A longitudinal analysis, *Journal of Business Venturing*, 1995, 10 (1), pp. 45—58.

型并进行实证分析。研究表明，激烈的竞争环境会削弱企业内部的绩效。[①] 波特（Porter）对31个行业的平均投入资本回报率进行行业平均盈利能力的比较后指出，行业的收益性是行业中的五种力量共同作用的结果。这五种力量是：新进入者的威胁、买方实力、供应方实力、行业内竞争程度以及替代产品和服务的威胁。同时，他认为企业对行业环境中各种力量的控制能力于企业绩效有显著的影响。[②]

基于以上理论与文献的研究，本书为了验证企业运营环境中各个子环境要素管理能力对企业绩效的影响，进一步提出了关于企业运营环境管理能力（转化能力）与企业绩效关系的假设：

H21. 企业对供应商环境的管理能力（转化能力）与企业绩效呈正向影响。

H22. 企业对竞争者环境的管理能力（转化能力）与企业绩效呈正向影响。

H23. 企业对消费者环境的管理能力（转化能力）与企业绩效呈正向影响。

H24. 企业对劳动力市场的管理能力（转化能力）与企业绩效呈正向影响。

H25. 企业对自身资源环境及资源市场的管理能力（转化能力）与企业绩效呈正向影响。

基于以上对于企业环境管理能力的分析与讨论，在提出了研究假设的基础上，对企业环境管理能力与企业绩效关系的影响研究的假设进行了一个总结，见表4-1。

---

① 刘军、富萍萍、吴维库：《企业环境、领导行为、领导绩效互动影响分析》，《管理科学学报》2005年第5期。

② Michael E. Porter, The Five Competitive Forces that Shape Strategy. *Harvard Business Review*, Jan, 2008, Vol. 86, Issue 1, pp. 78—93.

表 4－1 本章假设汇总

假设编号	假 设 内 容
H1	企业对背景环境管理能力（转化能力）与企业绩效呈正向影响
H11	企业对经济环境的管理能力（转化能力）与企业绩效呈正向影响
H12	企业对政治环境的管理能力（转化能力）与企业绩效呈正向影响
H13	企业对法律环境的管理能力（转化能力）与企业绩效呈正向影响
H14	企业对技术环境的管理能力（转化能力）与企业绩效呈正向影响
H15	企业对社会文化环境的管理能力（转化能力）与企业绩效呈正向影响
H16	企业对社会道德环境的管理能力（转化能力）与企业绩效呈正向影响
H2	企业对运营环境的管理能力（转化能力）与企业绩效呈正向影响
H21	企业对供应商环境的管理能力（转化能力）与企业绩效呈正向影响
H22	企业对竞争者环境的管理能力（转化能力）与企业绩效呈正向影响
H23	企业对消费者环境的管理能力（转化能力）与企业绩效呈正向影响
H24	企业对劳动力市场的管理能力（转化能力）与企业绩效呈正向影响
H25	企业对自身资源环境及资源市场的管理能力（转化能力）与企业绩效呈正向影响

第二节 企业环境管理能力与企业绩效关系的研究设计

一 主要研究变量与问卷设计

关于本书问卷调查中题项的设计问题，即具体说明问卷中用什么样的题项来测度变量，这些变量包括企业背景环境的管理能力（转化能力）测量、企业运营环境的管理能力（转化能力）测量、企业绩效测量，以及相关的控制变量。

（一）企业背景环境管理能力的测量

下面将对本书理论模型中所涉及的变量进行说明，即具体说明采用什么样的题项来测度变量，变量包括企业背景环境管理能力（转化能力）中的企业经济环境管理能力（转化能力）、企业经济政治管理能力（转化能力）、企业经济法律管理能力（转化能力）、企业技术环境管理能力（转化能力）、企业社会文化环境管理能力（转化能力）、企业社会道德环境管理能力（转化能力）。

本书认为，企业所面对的背景环境是由企业所面对的经济、政治、法律、技术、社会文化、社会道德六个方面组成。本书综合各方学者的观点，提出了对企业背景环境管理能力的测量的题项。认为企业经济环境管理能力的题项包括“企业通过与行业、中介组织等的沟通或结成联盟创造有利于企业经济发展的环境”“企业建立了行业环境变化的预警机制”“企业通过对未来经济发展状况的分析，影响或改变企业的投资或贸易规划，创造有利于企业发展的环境”“企业建立了行业环境变化的应急机制，能对环境变化作出及时响应”等；企业法律环境管理能力的题项包括“企业通过与政府的沟通、影响或改变现有政策与法律法规等，创造有利于企业发展的环境”“国家节能减排与环境保护政策的出台未导致企业成本迅速上升”等；企业政治环境管理能力的题项包括“企业通过创新内部环境，以适应或驾驭外部政策环境变化”“公司与当地政府关系和谐，能在政府的支持下获取长期发展的资本”“公司能够从政府争取优惠与便利的政策促进企业发展”等；企业技术环境管理能力的题项包括“企业在技术更新速度上十分迅速”“最近三年来，本公司通常以突破性的技术创新而知名”“公司能创造性的整合利用各种知识与技术”“公司有依市场需求对产品进行改良的能力”“公司有对生产工艺进行改良的能力”等；企业社会文化环境管理能力的题项包括“企业经常参与专业学术会议或展览会”“企业经常会通过各种手段宣传自身的文化”“企业创建了有利于创新的企业文化”“企业具有鼓励创新的氛围，建立了有利于创新的激励机制”等；企业社会道德环境管理能力的题项包括“企业非常注重产品的健康、安全标准与管制要求”“企业经常参加各种公益活动”“企业会定期安排专项资金用于社会各种公益事业的捐赠活动”等。具体见表4－2。

表4－2　企业背景环境管理能力的构思变量及测量题项

构思变量	测量题项	题项依据
经济环境管理能力	1. 企业通过与行业、中介组织等的沟通或结成联盟创造有利于企业经济发展的环境	赵锡斌
	2. 企业建立了行业环境变化的预警机制	赵锡斌
	3. 企业通过对未来经济发展状况的分析，影响或改变企业的投资或贸易规划，创造有利于企业发展的环境	赵锡斌
	4. 企业建立了行业环境变化的应急机制，能对环境变化作出及时响应	赵锡斌
法律环境管理能力	5. 企业通过与政府的沟通，影响或改变现有政策与法律法规等，创造有利于企业发展的环境	赵锡斌
	6. 国家节能减排与环境保护政策的出台未导致企业成本迅速上升	胡铁(2007)
政治环境管理能力	7. 企业通过创新内部环境，以适应或驾驭外部政策环境变化	赵锡斌
	8. 公司与当地政府关系和谐，能在政府的支持下获取长期发展的资本	佟岩(2007)
	9. 公司能够从政府争取优惠与便利的政策促进企业发展	佟岩(2007)

续　表

构思变量	测　量　题　项	题项依据
技术环境管理能力	10. 企业在技术更新速度上十分迅速	陈钰芬、陈劲(2008);Godener,Sodergu(2004)
	11. 最近三年来,本公司通常以突破性的技术创新而知名	Zahra(1996b)
	12. 公司能创造性的整合利用各种知识与技术	Ramanathan(1993)
	13. 公司有依市场需求对产品进行改良的能力	Ramanathan(1993)
	14. 公司有对生产工艺进行改良的能力	Ramanathan(1993)
社会文化环境管理能力	15. 企业经常参与专业学术会议或展览会	Laursen,Salter(2006)
	16. 企业经常会通过各种手段宣传自身的文化	本书根据文献总结设计
	17. 企业创建了有利于创新的企业文化	赵锡斌
	18. 企业具有鼓励创新的氛围,建立了有利于创新的激励机制	赵锡斌
社会道德环境管理能力	19. 企业非常注重产品的健康、安全标准与管制要求	Laursen,Salter(2006)
	20. 企业经常参加各种公益活动	本书根据文献总结设计
	21. 企业会定期安排专项资金用于社会各种公益事业的捐赠活动	本书根据文献总结设计

由于企业背景环境管理能力的测试题项中有个别题项在现有文献中没有现成的量表作为依据，故企业背景环境管理能力的测试题项中的个别测试题项是笔者通过对企业环境理论和企业能力理论的相关文献研究后总结而来的。在问卷设计好后进行了问卷的试调查，发现大多数被调

查者对问卷中题项 20 和 21 的理解存在歧义，所以，将这两项题项进行了修改，分别为：20. 企业经常参加各种公益活动；21. 企业会定期安排专项资金用于社会各种公益事业的捐赠活动。在企业运营背景环境管理能力的测试题项中，被测试者所勾选的选项越趋近于 7，表示企业越赞同被测试题项中所述的内容，而被测试者所勾选的选项越趋近于 1，则表示被测试者对于所测试的题项中所表述的内容越不赞同或持反对意见。另外，对于测试题项中的每一个问题及其表述方式，作者都与企业界专家进行讨论，并对某些题项的用词做了改动或修饰。具体的题项参见本书附录 1。

（二）企业运营环境管理能力的测量

根据本书第三章关于企业运营环境管理能力内涵及维度的界定，借鉴既有研究成果，本书从企业对供应商环境管理能力（转化能力）、企业对竞争者环境管理能力（转化能力）、企业对消费者环境管理能力（转化能力）、企业对劳动力市场环境管理能力（转化能力）、企业对资源环境及资源市场的管理能力（转化能力）五个方面对企业运营环境管理能力进行测量。企业运营环境管理能力在这五个方面都有自己显著的特点。

测量企业运营环境管理能力的量表已很成熟。其中企业对供应商环境管理能力（转化能力）主要运用的有 Weerawardena（2003）、Vorhies and Morgan（2005）、赵锡斌（2010）等所开发的量表；企业对竞争者环境管理能力（转化能力）主要运用的有 Zahra（1996a）、Zahra（1996b）、赵锡斌（2010）等所开发的量表；企业对消费者环境管理能力（转化能力）主要运用的有 Weerawardena（2003）、Humphrey（2002）、贺德仁（2000）、陈钰芬、陈劲（2008）、Godener，Sodergu（2004）等所开发的量表；企业对劳动力市场环境管理能力（转化能力）主要运用的有 Lucas（1988）、邓琦

(2000)、郭燕（2006)、易将能（2005)、赵锡斌（2010）等开发的量表；企业对资源环境及资源市场的管理能力（转化能力）主要运营的有 Zahra (1996a)、Kaphinsky(2001)、Vorhies，Morgan(2005)、赵锡斌（2010）等开发的量表。本书根据研究的需要，在借鉴、整合以上文献中测量企业运营环境管理能力的量表的基础上，提出了测量企业运营环境管理能力的量表。量表中关于企业运营环境管理能力的测量题项都是从过去的研究中发展而来的，这样每一题项都抓住了企业运营环境管理能力的主要部分，保持了测量的内容效度。具体见表 4－3。

表 4－3　企业运营环境管理能力的构思变量及测量题项

构思变量	测　量　题　项	题项依据
供应商环境管理能力	1. 企业通过建立与供应商、经销商等的合作关系创造有利于企业发展的环境	赵锡斌
	2. 企业通过上下游企业的收购与兼并，创造有利于企业发展的环境	赵锡斌
	3. 公司能够为供应商提供高水平支持的能力	Weerawardena(2003)
	4. 公司为供应商业务增加价值的能力强	Vorhies and Morgan(2005)
竞争者环境管理能力	5. 最近三年来，本公司通常先于竞争对手利用新技术来开拓和占领新市场	Zahra(1996a) Zahra(1996b)
	6. 企业通过技术、管理、组织等创新活动，产生了社会影响或示范效应，创造了有利于企业发展的竞争环境	赵锡斌
	7. 企业有专门的人或部分负责竞争对手情况的分析，定期对企业未来的竞争环境做出专业的预测	本书根据文献总结设计

续 表

构思变量	测 量 题 项	题项依据
消费者环境管理能力	8. 企业总能依据消费者需求的变换,迅速开发出新产品满足消费者新的需求	陈钰芬、陈劲(2008) Godener,Sodergu(2004)
	9. 公司引进了较多的市场营销人才,对消费者的消费需求与习惯进行预测性的研究	贺德仁(2000)
	10、公司具有开发新产品、丰富新产品的能力,使之消费者习惯新产品,创造新的消费需求	Humphrey(2002)
	11. 公司开发并执行广告计划的能力较强,能适时引导消费者习惯	Weerawardena(2003)
劳动力市场环境管理能力	12. 企业注重员工培训、学习与知识、信息的共享,提高员工的工作技能	赵锡斌
	13. 公司为员工提供了更多的培训和再学习的机会	Lucas(1988)
	14. 公司为吸引人才提供了更为优厚的待遇和发展机会	邓琦(2000)
	15. 新《劳动法》的出台未对公司的生产经营活动产生不良的影响	郭燕(2006),易将能(2005)
资源环境及资源市场的管理能力	16. 公司雇用了一大批高级人才,提升公司的创新能力	Zahra(1996a)
	17. 企业注重管理团队、人际关系与工作方式变革,创造有利于企业发展的环境	赵锡斌
	18. 企业建立同媒体、公众、社区等的良好关系创造有利于企业发展的企业资源环境	赵锡斌
	19. 公司具有组合企业经济活动范围,获取价值链上新的价值的能力	Kaphinsky(2001)
	20、公司使用定价技巧对产品市场变化做出反应的能力较强	Vorhies,Morgan(2005)
	21. 公司利用资源市场研究信息的能力较强	Vorhies,Morgan(2005)

通过第三章中对企业运营环境管理能力维度的确定，本书将企业运营环境管理能力（转化能力）从企业运营环境的五个子要素方面来进行考察，即企业对供应商环境的管理能力、企业对竞争者环境的管理能力、企业对消费者环境的管理能力、企业对劳动力市场环境的管理能力和企业对资源环境及资源市场的管理能力。

在企业运营环境管理能力的测试题项中，被测试者所勾选的选项越趋近于7，表示企业越赞同被测试题项中所述的内容，而被测试者所勾选的选项越趋近于1，则表示被测试者对于所测试的题项中表述的内容越不赞同或持反对意见。另外，对于测试题项中的每一个问题及其表述方式，作者都与企业界专家进行讨论，并对某些题项的用词做了改动或修饰。具体的题项参见本书附录1。

（三）企业绩效的测量

在第三章，本书已经构建了企业绩效评价的概念模型，并确定了测量技术创新绩效的具体指标。根据大多数学者的观点，本书采用多重测评方法来测量技术创新绩效。主要采用的方式是与主要竞争性企业或目标企业的比较进行的，这种方式也和一些学者提出的对于绩效采集方式与量表设计的观点相同，如 Sittimalakorn，Hart[①] 和 Menguc，Barker[②]，具体见表 4－4。

---

① Sittimalakorn W，Hart S. Market orientation versus quality orientation：sources of superior business performance. *Journal of Strategic Marketing*，2004（12），pp. 243—253.

② Menguc B，Barker A T. The Performance Effecs of Outcome-based Incentive Pay Plans on Sales Organization：A Contextual Analysis. *Journal of Personal Selling & Sales management*，2003（23），pp. 341—358.

表 4-4 企业绩效的测量题项

构思变量	测量题项	题项依据
企业绩效的测量与评估	1. 与同行业平均水平比,企业的利润率较高	Sittimalakorn, Hart (2004) Menguc, Barker(2003)
企业绩效的测量与评估	2. 与同行业平均水平比,企业的资产回报率较高	Sittimalakorn, Hart (2004) Menguc, Barker(2003)
	3. 与同行业平均水平比,企业的投资收益率较高	Sittimalakorn, Hart (2004) Menguc, Barker(2003)
	4. 与同行业平均水平比,企业的市场份额与竞争力较高	Sittimalakorn, Hart (2004) Menguc, Barker(2003)
	5. 与同行业平均水平比,企业的技术创新能力较强	Sittimalakorn, Hart (2004) Menguc, Barker(2003)
	6. 与同行业平均水平比,企业的营销能力较强	Sittimalakorn, Hart (2004) Menguc, Barker(2003)
	7. 您在本企业工作的满意程度较高	Said, et al. (2003) Sale, Inmam (2003)

(四) 控制变量

控制变量是指对因变量产生重大影响，但又不在本书范围内的变量，理论上自变量和控制变量都是因变量的先行变量。自变量是我们所关心的变量，而控制变量是我们不想要但不能完全消除的先行变量。[①] 本书的控制变量为企业年龄、企业规模与企业性质。因为这些变量都对企业的环境管理能力产生影响进而影响企业的绩效，但这些变量都不在本书的研究范围内。所以必须在研究中剥离掉这些变量对企业绩效的影响。其他类似研究将企业所处的地区、行业等作为控制变量。笔者与企业界

① 陈晓萍、徐淑英、樊景立主编:《组织与管理研究的实证方法》，北京大学出版社 2008 年版。

专家进行讨论，考虑到本书样本获取渠道的局限性，样本数不大、地区比较集中，因此认为企业所处地区对企业绩效影响不大；由于样本本身数量的局限性，各行各业在样本中所占比例不多，因此认为企业所处行业对企业绩效影响不大；故本书的控制变量只选取企业年龄、企业规模和企业性质。

首先，企业规模是研究企业绩效的影响因素时常用的控制变量。本书受企业规模的控制，因为规模较大的企业比规模较小的企业可能拥有更多的资源，容许规模较大的企业有较大的资源投入，从而企业有更好的管理环境的能力。某种程度上，大企业比小企业在环境管理能力的先决条件上要更好。企业规模是影响企业环境管理能力（转化能力）体现的一个不可或缺的重要因素。相关文献中企业规模大小的度量指标多种多样，归纳起来，使用频率最高的有三类：企业总资产、企业销售收入和企业员工人数。不同的度量标准反映了使用者特定的研究目的与研究维度。其中以“企业员工人数”作为划分企业规模的指标，具有简单、明了的特点，也与世界主要国家的通行做法一致，具有国际可比性。因此，本书用企业员工人数来测量企业的规模。

参照目前执行的国家经贸委等部门于 2003 年联合公布的《中小企业标准暂行规定》（国经贸中小企业〔2003〕143 号），经适当修改，根据员工人数将企业规模分为五个水平：1 表示员工人数在 100 以下，2 表示 101—300 人，3 表示 301—1000 人，4 表示 1001—3000 人，5 表示 3000 人以上。

其次，企业的环境管理能力还受到企业年龄的控制，因为年老的企业可能比年轻的企业在对自身环境管理上更有优势与经验。企业年龄通过企业生存的年数来测量。本书将企业年龄分为 5 个水平：1 表示企业年龄不足 2 年，2 表示表示企业年龄在 2—5 年，3 表示表示企业年龄在 6—10 年，4 表示企业年龄在 11—15 年，5 表示企业年龄在 15 年以上。

最后，企业性质也是影响企业环境管理能力的一个重要因素。众所周知，不同性质的企业在对自身环境的适应性与控制性上存在很大的差别，即企业环境管理能力上存在很大的差别。因此本书把企业性质分为四个水平：1 表示国有企业，2 表示私营企业，3 表示外资企业，4 表示合资企业。

表 4－5 主要研究变量与问卷设计总结

变量类型	一级指标	二级指标	三级指标	对应题项
自变量	企业环境管理能力（不可控环境转化为可控环境的能力）	企业背景环境的管理能力	企业经济环境的管理能力	1. Ent-Eco1
				2. Ent-Eco2
				3. Ent-Eco3
				4. Ent-Eco4
			企业法律环境的管理能力	5. Ent-Law1
				6. Ent-Law2
			企业政治环境的管理能力	7. Ent-Pol1
				8. Ent-Pol2
				9. Ent-Pol3
			企业技术环境的管理能力	10. Ent-Tec1
				11. Ent-Tec2
				12. Ent-Tec3
				13. Ent-Tec4
				14. Ent-Tec5
			企业社会文化环境的管理能力	15. Ent-Cul1
				16. Ent-Cul2
				17. Ent-Cul3
				18. Ent-Cul4
			企业社会道德环境的管理能力	19. Ent-Mor1
				20. Ent-Mor2
				21. Ent-Mor3

续　表

变量类型	一级指标	二级指标	三级指标	对应题项
自变量	企业环境管理能力（不可控环境转化为可控环境的能力）	企业运营环境管理能力	企业供应商环境管理能力	1. Ent-Sup1
				2. Ent-Sup2
				3. Ent-Sup3
				4. Ent-Sup4
			企业竞争者环境管理能力	5. Ent-Com1
				6. Ent-Com2
				7. Ent-Com3
			企业消费者环境管理能力	8. Ent-Con1
				9. Ent-Con2
				10. Ent-Con3
				11. Ent-Con4
			企业劳动力市场环境管理能力	12. Ent-Lab1
				13. Ent-Lab2
				14. Ent-Lab3
				15. Ent-Lab4
			企业资源环境及资源市场的管理能力	16. Ent-Res1
				17. Ent-Res2
				18. Ent-Res3
				19. Ent-Res4
				20. Ent-Res5
				21. Ent-Res6
应变量	企业绩效	财务绩效	企业利润率	1. Ent-Per1
			资产回报率	2. Ent-Per2
			投资收益率	3. Ent-Per3
		非财务绩效	产品所占市场份额	4. Ent-Per4
			技术创新能力	5. Ent-Per5
			营销能力	6. Ent-Per6
			员工满意度	7. Ent-Per7

续 表

变量类型	一级指标	二级指标	三级指标	对应题项
控制变量	企业年龄	企业经营年限		Year
	企业规模	企业员工人数		Scale
	企业性质	企业经营性质与形式		character

二 企业环境管理能力的假设检验模型

基于理论模型及以上对企业环境管理能力与企业绩效关系检验的假设，本书提出了以下假设检验模型（图4－1）。

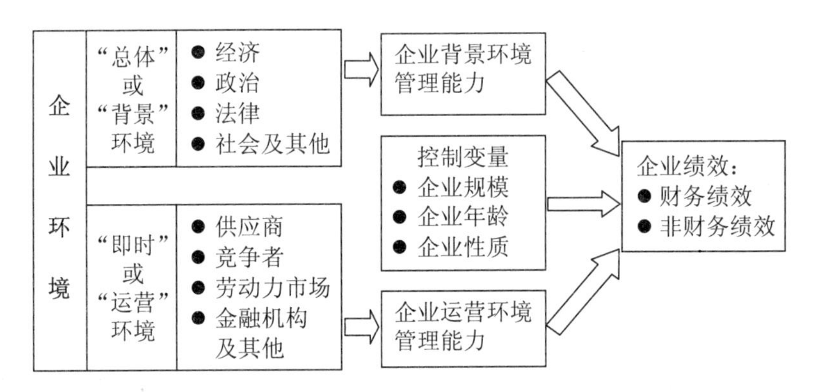

图4－1 企业环境管理能力与企业绩效关系检验假设验证模型

第三节 本章小结

针对本书研究的企业环境管理能力与企业绩效关系问题，本章建构了企业环境管理能力与企业绩效关系的概念模型，并提出了相关的研究假设，确定了总体研究框架和总体研究框架下的研究思路。

首先，根据企业环境管理能力理论的分析与相关企业的访谈结果推演出企业对宏观、市场及内部环境的管理能力与企业自身可控环境与不可控环境及企业绩效三者之间关系的概念模型。其次，在明确企业环境管理能力的理论基础、概念内涵与分析维度的前提下，探讨了企业环境管理能力对企业自身可控环境与不可控环境之间的转化作用及对企业绩效产生的影响，并由此提出如下假设：H1. 企业对背景环境管理能力（转化能力）与企业绩效呈正向影响。H11. 企业对经济环境的管理能力（转化能力）与企业绩效呈正向影响。H12. 企业对政治环境的管理能力（转化能力）与企业绩效呈正向影响。H13. 企业对法律环境的管理能力（转化能力）与企业绩效呈正向影响。H14. 企业对技术环境的管理能力（转化能力）与企业绩效呈正向影响。H15. 企业对社会文化环境的管理能力（转化能力）与企业绩效呈正向影响。H16. 企业对社会道德环境的管理能力（转化能力）与企业绩效呈正向影响。H2. 企业对运营环境的管理能力（转化能力）与企业绩效呈正向影响。H21. 企业对供应商环境的管理能力（转化能力）与企业绩效呈正向影响。H22. 企业对竞争者环境的管理能力（转化能力）与企业绩效呈正向影响。H23. 企业对消费者环境的管理能力（转化能力）与企业绩效呈正向影响。H24. 企业对劳动力市场的管理能力（转化能力）与企业绩效呈正向影响。H25 企业对自身资源环境及资源市场的管理能力（转化能力）与企业绩效呈正向影响。

至于这些假设是否能成立，有待下一章的实证检验。

第五章　实证分析

在本章节中将通过对全国不同地区的不同行业和类型企业进行实地调研和填写问卷（实地调研的主要企业集中在湖北、江西、湖南等省）。通过实地调研和问卷填写收集一手数据，利用常用的实证分析方法及SPSS17.0和AMOS17.0等分析软件对前面所提出的理论假设进行检验。实证分析与研究部分主要分为以下几个部分来具体论述：首先详细介绍有关问卷设计、调研企业样本的选取、调研企业的基本信息与数据收集的相关基本情况；其次确定研究方法，以机构方程模型作为研究主要方法；再次对问卷中所收集到的数据进行初步的数据分析，包括数据的描述性分析、变量的度量、模型信度与内容效度的检验分析、模型的拟合度检验等；最后一部分为本章小结，对实证分析研究做一个综合的相关总结。

第一节　问卷设计与数据收集

一　问卷设计

问卷调查法是目前广泛运用于科学研究中的用于采集数据的一种普遍方法，它最突出的优点就是简单、方便，能根据研究内容的需要加以灵活地变化，为研究者获得研究所需的第一手翔实可靠的数据提供可靠的保证。学者德威利斯就认为“无论最初的动机是什么，每一个科学领域的发展都有自身的一套测量程序。在社会行为科学领域，具有代表性的是，所用的测量程序都是问卷调查”。[①] 扎赫拉（Zahra）也认为使用调查问卷收集有关竞争企业战略的相关资料，在战略管理文献中是非常普遍的现象。[②] 由于本书所需的数据无法完整、可信地从公开资料中获得，因此采取了问卷调查的方式进行数据的采集。

在很大程度上，所收集的数据的有效性和可靠性以及应答率取决于问题的设计、问卷的结构和预测时的严谨程度。[③] 而问卷项目的总体安排、内容和量表的构成又取决于研究目的和理论依据。[④] 一般来说，问卷的基本结构包括封面信、指导语、问题及答案、其他资料等。[⑤]

因此，为保证问卷内容能为各部分研究内容提供所需的有效数据，根据本书研究的目的、研究的基本问题及其子问题，本问卷的结构主要包括三部分内容（详见本书附录 1）：一是封面说明信，简要说明本调查的目的与意义，并承诺本调查仅供学术之用。迪尔曼（Dillman）等人的研究表明，自填式问卷中的说明信会影响应答率。[⑥] 二是填答提示，告诉被调查者如何正确地填写问卷。三是问题和答案，这是问卷的主体部分，包括企业基本信息、本书的核心变量。每一个项目的测量变量均采用李克特（Liket Scale）7 分量表的尺度来评估，从完全不符合到完全符合。最低赋值 1 分，最高赋值 7 分；并且为最低赋值（1 分）和最高赋值（7 分）分

---

① 罗伯特 · F. 德威利斯：《量表编制：理论与应用》，魏永刚、龙长权、宋武译，重庆大学出版社 2004 年版，第 5 页。

② Zahra S. A. , & Covin J. G. (1993), Business Strategy, Technology Policy and Firm Performance. *Strategic Management Journal*, 14(6), pp. 451—478.

③ 马克 · 桑德斯、菲利普 · 刘易斯、阿德里安 · 桑希尔：《研究方法教程》，杨晓燕主译，中国对外经济贸易出版社 2004 年版。

④ 王重鸣：《心理学研究法》，人民教育出版社 1990 年版。

⑤ 袁方主：《社会研究方法教程》，北京大学出版社 1997 年版；李怀祖：《管理研究方法论》，西安交通大学出版社 2004 年版。

⑥ Dillman D. A. (2000), *Mail and Internet surveys*: *The Total Design Method*. New York, Wiley.

别配以相应的描述性语句，以帮助被调查者准确回答。

测量问卷每个问题的设计都必须符合所要收集数据的要求。在设计每个问题时，研究者要做以下三件事之一：一是采用其他问卷使用过的问题；二是修改其他问卷中用过的问题；三是形成自己的问题（桑德斯，2004）。本书在设计调查问卷的问题时，将这三种方法结合起来：既保留其他问卷使用过的问题，也修改其他问卷中用过的问题，同时根据自身研究的需要，提出自己的问题。

在设计问卷的过程中，本书采取了一些设计与开发流程：（1）问卷设计中的各个题项都是通过对文献的整理与回顾、企业的中高层管理者的调研访谈的基础上形成的；（2）与相关的学术界的专家进行讨论；（3）与企业界的专家进行深入的讨论；（4）通过预测试问卷的测量对最终问卷的各个题项进行的纯化（Churchill，1979；Dunn，Seaker & Waller，1994）[①]。以此建议本书的问卷设计经历了以下几个阶段：

一是变量测度题项设计。通过对国内外相关文献的阅读、分析与总结，借鉴现有理论与实证相关变量的测度，并通过与关系密切的企业界朋友的交流，提炼出相应的测量题项。

二是征求相关学者的意见修改测度题项。本书采用与专家面谈或发送 E-mail 的形式向在该领域的专家咨询问卷设计中的各种问题，包括问卷设计中的变量间关系、问卷中的措辞、格式等问题，并根据各专家的意见进行汇总整理，最后对问卷中的题项进行第二次的修改。

三是与企业界人士访谈修改测度题项。与企业高管进行深入访谈，就变量间关系、初始量表、量表题项等方面征询被访谈者的意见，检验量表的相关题项能否被企业理解，是否与企业实际相符合。根据企业界人士的意见对问卷二稿进行修改，形成问卷三稿。

① 李大元：《不确定环境下的企业持续优势：基于战略调适能力的视角》，博士学位论文，浙江大学，2008 年。

四是试调查。问卷设计完成后进行小范围的试调查，对小样本进行量表信度及效度的评估，根据试调查数据分析的结果，对问卷测项进行进一步调整与修改，并最终形成问卷的终稿。

对于可能会导致的由于问卷的回答者站在主观评价角度上的偏差问题，学者福勒（Fowler，1988）认为，有四种因素可能会导致问卷的回答者对于问卷所涉及问题的非准确性回答。第一，问卷的回答者由于不知道该问题的答案所造成的非准确性回答；第二，对于问卷所提的问题，问卷的回答者由于时间原因导致的记忆缺失也是造成非准确性回答的原因之一；第三，问卷所提问题由于涉及回答者的某些因素，导致的问卷回答者不愿正确回答问卷中的问题；第四，也是问卷设计中经常碰到的问题，即问卷的回答者难以理解问卷的内容造成的非正确性回答。① 虽然从理论上来说，完全消除以上四个因素所带来的影响的可能性很小，但是还是可以通过采取一系列的措施来尽可能减少其所带来的负面影响。

对于第一种由于问卷的回答者不知道该问题的答案所造成的非准确性回答的问题，本书主要要求问卷的回答者尽可能是公司领导或者技术负责人，这样尽可能减少第一类问题的出现；对于第二种由于问卷所提的问题，问卷的回答者由于时间原因导致的记忆缺失造成的非准确性回答问题，本书则尽可能地按照本书研究的需要，把问卷的问题主要设计为企业近年的大致情况，尽量避免由于此种原因造成的偏差；对于第三种问卷所提问题由于涉及回答者的某些因素，导致的问卷回答者不愿正确回答问卷中的问题，本书的研究者在问卷的开始部分就用醒目的方式向问卷的回答者承诺，问卷只用于学术研究，没有其他任何商业目的，而且对于问卷的回答者，也不要求其填写姓名及所在工作单位，一切均采用匿名的方式，用以打消问卷回答者的顾虑；针对第四种由于问卷的回答者难以理解问卷

① 李正卫：《动态环境下的组织学习与企业绩效》，博士学位论文，浙江大学，2003 年，第 47 页。

的内容造成的非正确性回答的问题，本书通过以下一些途径尽量减少此类偏差的产生，包括对现有理论与文献的深入研究、广泛征求该领域专家的建议、对问卷进行小范围的试调查等。另外，在问卷中也写明了研究者的联系方式与姓名，以便应答者在任何不解之处随时与笔者联系，降低了由于不理解题意可能带来的问题。

此外，由于本书中单一问卷中所有研究问题均有同一问卷回答者填写，因此，有可能由于被解释变量与解释变量的来源问题产生同源性偏差（common method variance）[①]。所以，为了检验本书中的解释变量与被解释变量有没有存在此类偏差的问题，根据帕克（Parke）的建议，[②] 进行了哈曼因果单因子测试（Harman's post-hoc single factor test）。如果对模型设计中所涉及的所有变量进行哈曼因果单因子测试，出现一个因子或一个综合因子解释了所有大部分的方差变量，则认为存在同源性偏差。从对于本书中所涉及有题项的因子检验结果来看，存在 11 个特征值大于 1 的因子，这些因子解释了全部方差的 91.445%，其中解释力最强的因子解释了全部方差的 20.994%，这都说明并没有存在一个因子解释大部分变量方差的问题。因此，可以认为本书的同源性偏差并不严重，可以做进一步的研究。

二 数据收集与研究样本的选取

在研究论文中将采用访谈和问卷调查相结合的方式收集我国不同地区与不同性质企业的第一手原始数据，从企业环境管理能力对企业绩效的影响的角度对企业环境的管理能力（转化能力）进行划分与界定。在

---

① Podsakoff P. M. & Organ D. W., Self-reports in organizational research: Problems and prospects, *Journal of Management*, Vol. 12, 4, 1986, pp. 531—544.

② Parknhe A., Strategic alliance structuring: Agame theoretic and transaction cost examination of interfirm Cooperation, *The Academy of Management Journal*, Vol. 36, No. 4, 1993, pp. 794—829.

理论框架和研究假设的基础上，我们设计出了最初问卷，随后深入我国不同地区的部分企业和企业高层管理人员经过充分交流与沟通，通过访谈结果，对问卷做了进一步修改，确定问卷的最终形式。在问卷最终修订完成后，笔者以公司中的主要领导或技术负责人为调查对象，采用邮寄信件和电子邮件的形式同时进行问卷的发放，具体的问卷发放有三种方式。第一种是本书的研究者直接发放与回收问卷。本书的研究者通过自行联络在企业工作的朋友、同学，通过发电子邮件方式或亲自前往企业请技术负责人填写问卷的形式。采用这种方式共发放问卷 285 份，收回 127 份，有 11 份问卷因没有填写完全，或没有认真填写（即全部都勾选同一个选项）等问题而被删除，有效问卷 116 份，问卷回收率为 44.6%，有效问卷率为 40.7%。第二种方式是委托某工会工作的朋友利用工会与企业之间联系的渠道发放问卷。这种方式共发放问卷 117 份，收回 79 份，有效问卷 74 份，回收率为 67.5%，有效问卷率为 63.2%。第三种方式是依托笔者所在学校的在读 MBA 学生。这种方式共发放问卷 56 份，收回 48 份，有效问卷 32 份，回收率为 85.7%，有效问卷率为 57.1%。三种方式共发放问卷 458 份，收回 258 份（其中电子问卷 68 份，纸质问卷 190 份），有效问卷 222 份，总体回收率为 56.3%，有效问卷率为 48.5%。从回收问卷的情况可以看出，本次问卷设计和回答及回收的工作有效，满足研究的要求。因此，可以用本次问卷调查所收集到的数据进行研究，去检验本身提出的有待检验的问题。

在本书撰写与研究的过程中，除了通过访谈与发放问卷的方式获得的一手资料外，还广泛收集了二手资料：如企业的内部与外部的宣传资料、企业年报、企业内部报纸、企业志及《中国统计年鉴》等，这些对于实证研究来说也是非常宝贵的资料来源。为了获得更为全面的二手资料，笔者还查阅了各种管理杂志、报纸、网站等，例如《光明日报》《经济日报》《南方周末》《人民日报》、“中国期刊网”等，在这些报纸、杂志上也找到一些有用的资料，这些资料对于论文的撰写来说也是非常有力的补充。

三 调研企业的基本信息

本次调查的样本主要集中于江西、湖北、湖南等地的企业，这主要是由于笔者社会资源分布的限制所造成的。笔者目前尚无力进行随机抽样，只能动用私人社会资源进行调查，而即使这些样本也已经是笔者动用一切可以动用的社会资源所达到的结果了。当然，如有可能，进行随机抽样将更具说服力。

样本结构主要描述样本企业的规模、年龄、所在区域、所属行业、企业经营性质及填写人在公司的职位等指标。样本的基本情况如表5-1和图5-1所示。从企业所在区域来看，由于笔者的社会资源多分布在湖北及江西两地，因此这两个地区样本所占的比例较大，中部地区最多占到69.1%，其次是东部沿海地区占到26.2%，东北地区最少只有4.7%。从企业所有制类型来看，民营企业所占的比例最大，达到了47.94%，这也反映出我国目前企业所有制的基本形态。本书用企业员工人数衡量企业规模，从样本数来看，1000人以下的中小企业占64.4%，超过1000人的大企业占35.6%，基本上反映了我国目前企业规模的状况。本问卷将企业年龄分成五个时间段：不足2年、2—5年、6—10年、11—15年、15年及以上。从样本的统计分析来看15年以上和2—5年的企业所占比例最大，这也说明了我国国有企业和民营企业的一些特点。从所属行业来说，相对分布的比较均匀且合乎情理，其中制造也较多占到23.5%。最后从被调研者所在的职位来看，管理者占到调研总比重的91.9%，其中高层、中层、基层管理者占的比重分别是6.7%、55%和30.2%。从数据来看基本满足和达到了本论文研究的需求。

表 5－1　　调研基本数据

所在区域	频率%	百分比%	有效百分比%	累积百分比%
东部沿海地区	115	51.8	51.8	51.8
中部地区	56	25.2	25.2	77.0
西部地区	30	13.5	13.5	90.5
东北地区	21	9.5	9.5	100.0
合　计	222	100.0	100.0	100

企业性质	频率%	百分比%	有效百分比%	累积百分比%
国有及国有控股企业	80	36.0	36.0	36.0
民营企业	119	53.6	53.6	89.6
外商投资企业	23	10.4	10.4	100.0
合　计	222	100.0	100.0	100

企业规模	频率%	百分比%	有效百分比%	累积百分比%
100 及以下	110	49.5	49.5	49.5
101—300	19	8.6	8.6	58.1
301—1000	55	24.8	24.8	82.9
1001—3000	22	9.9	9.9	92.8
3000 以上	16	7.2	7.2	100.0
合　计	222	100.0	100.0	100

续 表

企业年龄	频率%	百分比%	有效百分比%	累积百分比%
不足两年	20	9.0	9.0	9.0
2—5年	63	28.4	28.4	37.4
6—10年	58	26.1	26.1	63.5
11—15年	65	29.3	29.3	92.8
15年以上	16	7.2	7.2	100.0
合 计	222	100.0	100.0	100

所在职位	频率%	百分比%	有效百分比%	累积百分比%
高层管理者	9	4.1	4.1	4.1
中层管理者	119	53.6	53.6	57.7
基层管理者	75	33.8	33.8	91.4
一般员工	19	8.6	8.6	100.0
合 计	222	100.0	100.0	100

所在行业	频率%	百分比%	有效百分比%	累积百分比%
采矿业	24	10.8	10.8	10.8
制造业	54	24.3	24.3	35.1
电 力	12	5.4	5.4	40.5
建 筑	9	4.1	4.1	44.6
信 息	79	35.6	35.6	80.2
金 融	44	19.8	19.8	100.0
合 计	222	100.0	100.0	100

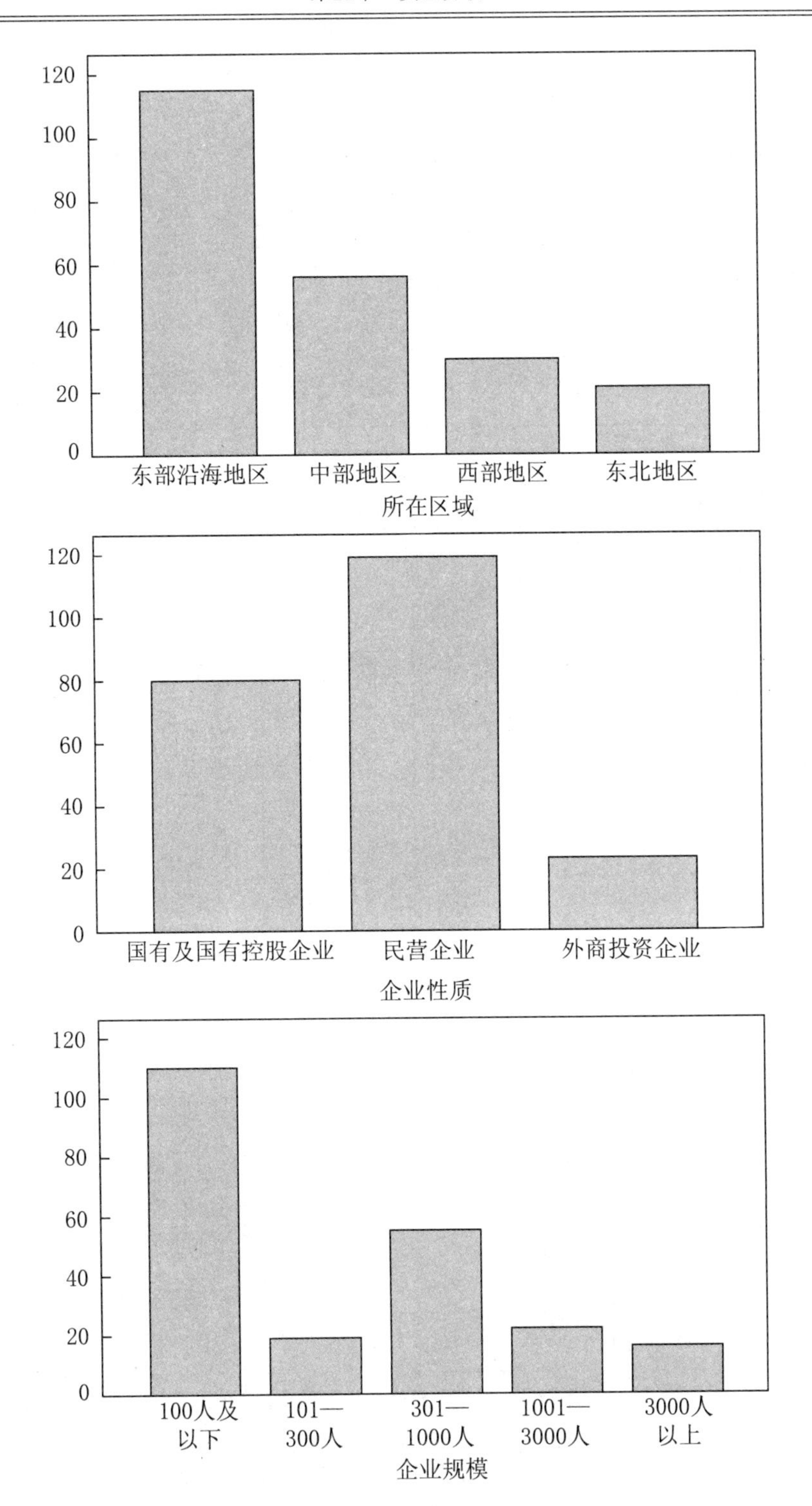

120
100
80
60
40
20
0
东部沿海地区
中部地区
西部地区
东北地区
所在区域
120
100
80
60
40
20
0
国有及国有控股企业
民营企业
外商投资企业
企业性质
120
100
80
60
40
20
0
100人及以下
101—300人
301—1000人
1001—3000人
3000人以上
企业规模

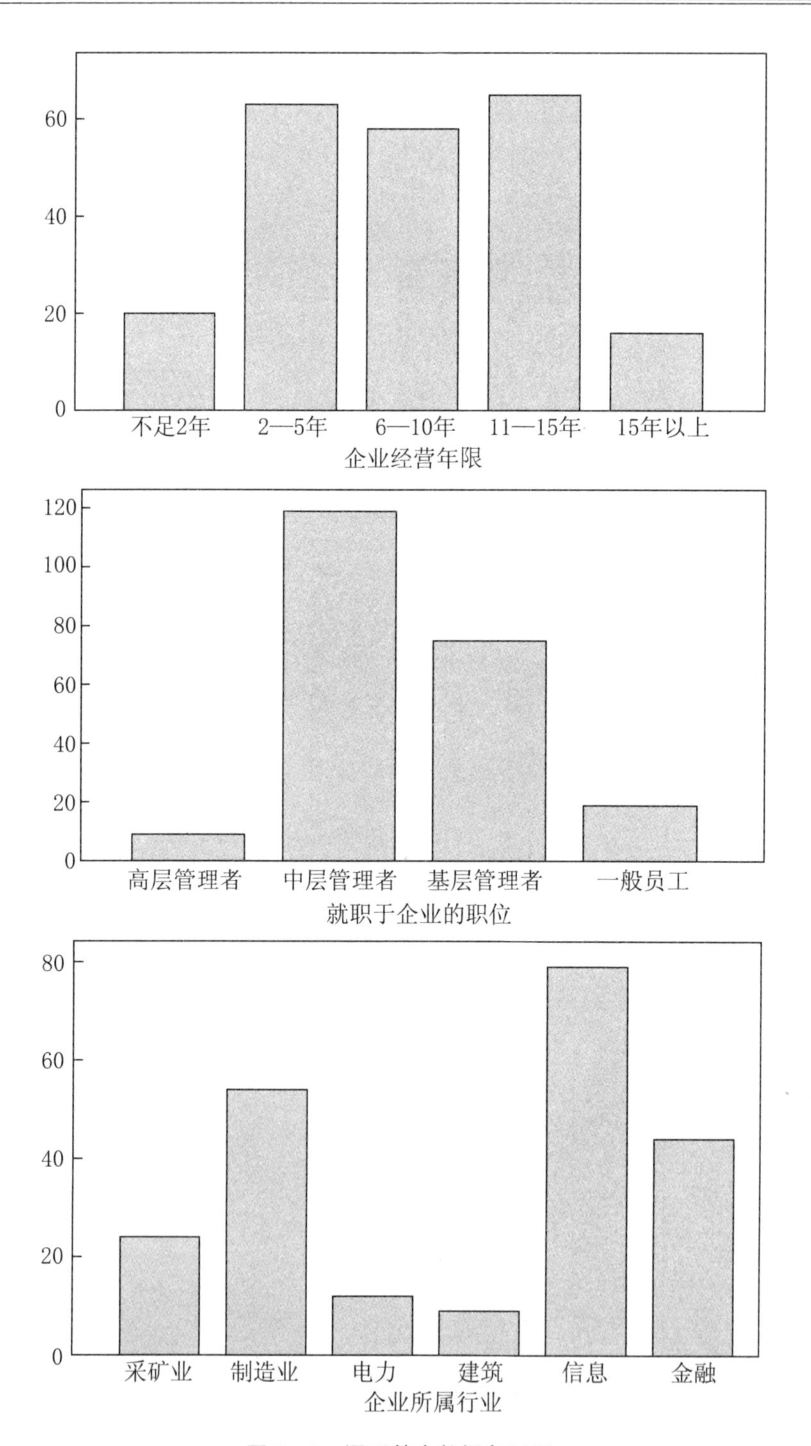

图 5－1 调研基本数据条形图

第二节 研究方法

本书涉及的主要变量有企业背景环境管理能力、企业运营环境管能力及企业绩效等，这些变量都是潜变量（Latent Variable）。所谓潜变量是指企业环境、战略等变量，往往难以直接准确测量，需要用多个外显指标（Observable Indicators）去间接测量，这种变量称为潜变量。[①] 传统上对潜变量之间关系的实证研究，常采用多元回归方法，使得实证研究受到诸多限制，并且结论也不可靠。因此本书主要采用结构方程模型（Structure Equation Model，SEM）来分析这些潜变量之间的关系，以期得出比较合理的结论。

一 结构方程模型简介

（一）结构方程模型的概念

用结构方程模型来进行统计分析即为结构方程模型分析，也可以称为结构方程建模分析（Structure Equation Modeling，SEM），该种分析方法是基于变量协方差矩阵的一种分析变量之间关系的统计方法，因此也称为协方差结构方程模型分析。结构方程模型是一个包含面很广的数学模型，可以用来分析一些涉及潜变量的复杂关系。许多的分析方法，例如常用到的回归分析法，需要假设自变量是没有误差，但容许应变量中含有误差项的存在。当自变量和因变量都不能准确测量时，理论上来说，回归分析不能

① 侯杰泰、温中麟、成子娟：《结构方程模型及其应用》，教育科学出版社 2004 年版，第 13 页。

用来估计变量之间的关系。传统上，我们计算潜变量时，是计算潜变量对应的观测变量的总分（或平均分），再计算这些总分（或平均分）之间的相关关系。这样计算所得潜变量的关系，不一定恰当，结构方程模型能提供更佳的答案（侯杰泰、温忠麟、成子娟，2004）。

（二）结构方程模型的一般表达式

结构方程模型又可分为结构方程和测量方程两个部分。结构方程用来描述潜变量之间的关系；测量方程则用来描述潜变量与测量指标之间的关系。

结构方程的表达式一般写成如下形式：

$$\eta = B\eta + \Gamma\xi + \zeta$$

其中：

B——表示内生潜变量之间的相互关系；

Γ——表示外生潜变量对内生潜变量之间的影响关系；

ζ——表示结构方程的测量残差项，它反映了 η 在方程中未能被模型解释的部分。

描述潜变量间的关系，即为结构模型，它通常是问题研究的重点，因此整个模型的分析也被称作结构方程模型。

测量方程的表达式一般写成如下形式：

$$x = \Lambda x\xi + \delta$$

$$y = \Lambda y\eta + \varepsilon$$

其中：

x——表示外生变量指标的组成向量；

y——表示内生变量指标的组成向量；

ξ——表示外生潜变量的组成向量；

η——表示内生潜变量的组成向量；

Λx——表示外生变量指标与外生变量之间的关系，是参数 x 在参数 ξ 上的因子负荷矩阵；

Λy——内生变量指标与内生变量之间的关系，是 y 在 η 上的因子负荷矩阵；

δ——外生变量指标 x 的误差项；

ε——内生变量指标 y 的误差项。

（三）结构方程模型的优点

总体来说，用结构方差模型解决复杂模型时有以下优点：第一，容许应变量和自变量以及误差项的误差存在；第二，可以测量更多弹性的模型；第三，可以综合估计整个模型的拟合程度，从而可以判断哪一个模型更接近数据所呈现的关系；第四，结构方差模型可以同时计算因子间的关系及因子本身的结构；第五，结构方程模型可以同时进行多因变量的处理（Bollen & Long，1993）①。

（四）结构方程模型的拟合指数选用

关于结构方程模型评价问题已被许多的学者进行了广泛的研究与探讨，怎样评价模型的优劣，从以往的研究来看主要是看模型的拟合程度。模型的拟合程度是用于判断实际观测数据与模型中变量假设的匹配程度的指标。如果模型的实际观测数据与模型中变量假设的匹配程度很高，则表明模型及假设具有合理性与有效性，该研究所得结论能够得到认可和支持；如果模型的实际观测数据与模型中变量假设的匹配程度不理想，则表明模型的理论与假设和实际调研数据存在差异性，需要对模型及假设进行进一步的修正。从目前学者的研究成果来

① 转引自侯杰泰、温忠麟、成子娟《结构方程模型及其应用》，教育科学出版社 2004 年版，第 15—17 页。

看，模型的拟合程度的评价标准为模型的拟合指标，模型的拟合指标有多种，单一的模型拟合指标不能完整评价模型及假设与实际数据匹配的优劣，通常运用一系列拟合指标对模型及假设与实际数据的匹配进行评判。

研究选用哪一种拟合指数较好？这是一个复杂的课题，侯杰泰等人①建议报告 χ^2（Minimum Fit Function Chi-Square，卡方）、df（Degrees of Freedom，自由度）、RMSEA（Root Mean Square Error of Approximation，均方根误差）、NNFI（Non-Normed Fit Index，非范拟合指数）和 CFI（Comparative Fit Index，比较拟合指数）。一般认为，如果 RMSEA 在 0.08 以下（越小越好），NNFI 和 CFI 在 0.9 以上（越大越好），所拟合的模型是一个“好”模型。接受以上建议，并参考其他相关文献，本书最后确定选用的拟合指数及评价标准见表 5－2。

表 5－2　　本书选用的结构方程模型拟合指数

指　数	绝对拟合指数			相对拟合指数			简约拟合指数
	χ^2/df	SRMR	RMSEA	NFI	NNFI	CFI	GFI
评价标准	<5	<0.08	<0.1	>0.9	>0.9	>0.9	>0.5

资料来源：根据侯杰泰、温忠麟和成子娟（2004）；邱皓政和林碧芳（2009）整理。

按照 Bagozzi 和 Yi 的看法，当结构方程模型比较复杂时，在其他指数已经达到标准的情况下，极少数拟合指数与标准稍微有所差距是可以接受的。②

① 侯杰泰、温忠麟、成子娟：《结构方程模型及其应用》，教育科学出版社 2004 年版，第 45 页。

② Bagozzi R. P. & Yi Y., On the evaluation of structural equation models, *Journal of the Academy of Marketing Science*, Vol. 16, No. 1, 1988, pp. 74—94.

二 其他统计方法

本书除用结构方程模型进行假设检验外，还用到其他统计方法对数据进行统计描述，对数据的信度和效度进行检验。

（一）描述性统计分析

描述性统计分析是一种最常用的统计分析方法，它常被用于分析样本中的企业基本资料。例如企业年龄、规模、行业类别、企业所在地区等企业基本资质的统计分析。通过描述性的统计分析变量间的标准差与均值等，用于对样本数据的特征、类别与比例状况进行辨别。

（二）信度与效度的分析

信度与效度的分析是检验量表的可信程度及决定量表是否能采用的关键指标。在进行模型的假设检验之前，必须对用于模型测量的量表进行效度与信度的分析，以证明量表设计和使用的科学性。

信度分析主要了解问卷量表的可靠性。信度有“外在信度”与“内在信度”两大类。外在信度通常指不同时间测量时，量表一致性的程度，再测信度即是外在信度最常使用的检验法。内在信度是指测量量表是否用于测量单一概念，而这一点在多选项的量表测量中特别重要。同时，组成量表题项的内在一致性程度如何。内在信度最常使用的方法是 Cronbach’s alpha 系数。在社会科学领域，可接受的最小信度系数值为多少，是多数学者最为关注的，不过这方面学者们的看法也不尽一致，有些学者定在 0.80 以上，如盖（Gay，1992）等人即是；而有些学者则认为在 0.70 以上是可接受的最小信度值，如德维利斯（Devellis，1991）、努纳利（Nunnally，1978）等人（转引自吴明隆，2003）；作为一般的态度或心理知觉量表，其信度系数最好在 0.70 以上（吴明隆，2003）。本书将主要检验样本数据的 Cronbach’s alpha 系数（α系数）。按照经验判断法，题项——总体相关系数（CITC）的值要大于0.35，而且测度变量的（α系数）值要大于0.70（Nunnaily，1978）[①]。

测量的效度是指研究概念与测量指标之间的内在关系，它主要体现出研究所有表示或衡量事物的一个准确程度的指标。本书以因子分析来检验建构效度，用因子分析提取测度题项的共同因子，若得到的共同因子与理论结构较为接近，则可判断测量工具具有构思效度。对于以往学者对于效度分析的评判指标来看，到检测到的KMO（Kaiser-Meyer-Olkin）值大于0.7，载荷系数的值大于0.5时，则可以通过因子分析的方法把测量题项进行合并，并把合并后的因子用于后续的分析中（马庆国，2002）[②]。因子分析有两种：探索性因子分析（Exploratory Factor Analysis，EFA）和验证性因子分析（Confirmatory Factor Analysis，CFA）。探索性因子分析的目的是建立量表或问卷的建构效度，而验证性因子分析则是检验此构建效度的适切性与真实性。

对于数据分析工具的选取问题，本书选用SPSS17.0软件对数据进行统计分析，主要用于测量问卷中所有题项的效度与信度的分析检验。此外，本书还选用AMOS17.0结构方程分析软件对模型中的数据进行验证性的因子分析和最终的假设检验分析。

第三节　变量定义与分类

为了便于分析，本书将研究所涉及的变量作如下定义与分类：

---

① 转引自吴增源《IT能力对企业绩效的影响机制研究》，博士学位论文，浙江大学，2007年，第116页。

② 转引自李大元《不确定环境下的企业持续优势：基于战略调适能力的视角》，博士学位论文，浙江大学，2008年，第153页。

表 5-3 模型中的变量的定义与分类

构思变量	变量符号	测量题项
企业经济环境的管理能力(Ent-Eco)	1. Ent-Eco1	1. 企业通过与行业、中介组织等的沟通或结成联盟创造有利于企业经济发展的环境
	2. Ent-Eco2	2. 企业建立了行业环境变化的预警机制
	3. Ent-Eco3	3. 企业通过对未来经济发展状况的分析,影响或改变企业的投资或贸易规划,创造有利于企业发展的环境
	4. Ent-Eco4	4. 企业建立了行业环境变化的应急机制,能对环境变化做出及时响应
企业法律环境的管理能力(Ent-Law)	5. Ent-Law1	5. 企业通过与政府的沟通,影响或改变现有政策与法律法规等,创造有利于企业发展的环境
	6. Ent-Law2	6. 国家节能减排与环境保护政策的出台未导致企业成本迅速上升
企业政治环境的管理能力(Ent-Pol)	7. Ent-Pol1	7. 企业通过创新内部环境,以适应或驾驭外部政策环境变化
	8. Ent-Pol2	8. 公司与当地政府关系和谐,能在政府的支持下获取长期发展的资本
	9. Ent-Pol3	9. 公司能够从政府争取到优惠与便利的政策促进企业发展
企业技术环境的管理能力(Ent-Tec)	10. Ent-Tec1	10. 企业在技术更新速度上十分迅速
	11. Ent-Tec2	11. 最近三年来,本公司通常以突破性的技术创新而知名
	12. Ent-Tec3	12. 公司能创造性地整合利用各种知识与技术
	13. Ent-Tec4	13. 公司有依市场需求对产品进行改良的能力
	14. Ent-Tec5	14. 公司有对生产工艺进行改良的能力
企业社会文化环境的管理能力(Ent-Cul)	15. Ent-Cul1	15. 企业经常参与专业学术会议或展览会
	16. Ent-Cul2	16. 企业经常会通过各种手段宣传自身的文化
	17. Ent-Cul3	17. 企业创建了有利于创新的企业文化
	18. Ent-Cul4	18. 企业具有鼓励创新的氛围,建立了有利于创新的激励机制

续 表

构思变量	变量符号	测量题项
企业社会道德环境的管理能力(Ent-Mor)	19. Ent-Mor1	19. 企业非常注重产品的健康、安全标准与管制要求
	20. Ent-Mor2	20. 企业经常参加各种公益活动
	21. Ent-Mor3	21. 企业会定期安排专项资金用于社会各种公益事业的捐赠活动
企业供应商环境管理能力(Ent-Sup)	1. Ent-Sup1	1. 企业通过建立与供应商、经销商等的合作关系创造有利于企业发展的环境
	2. Ent-Sup2	2. 企业通过上下游企业的收购与兼并,创造有利于企业发展的环境
	3. Ent-Sup3	3. 公司能够为供应商提供高水平支持的能力
	4. Ent-Sup4	4. 公司为供应商业务增加价值的能力强
企业竞争者环境管理能力(Ent-Com)	5. Ent-Com1	5. 最近三年来,本公司通常先于竞争对手利用新技术来开拓和占领新市场
	6. Ent-Com2	6. 企业通过技术、管理、组织等创新活动,产生了社会影响或示范效应,创造了有利于企业发展的竞争环境
	7. Ent-Com3	7. 企业有专门的人或部分负责竞争对手情况的分析,定期对企业未来的竞争环境做出专业的预测
企业消费者环境管理能力(Ent-Con)	8. Ent-Con1	8. 企业总能依据消费者需求的变换,迅速开发出新产品满足消费者新的需求
	9. Ent-Con2	9. 公司引进了较多的市场营销人才,对消费者的消费需求与习惯进行预测性的研究
	10. Ent-Con3	10. 公司具有开发新产品、丰富新产品的能力,使消费者习惯新产品,创造新的消费需求
	11. Ent-Con4	11. 公司开发并执行广告计划的能力较强,能适时引导消费者习惯

续　表

构思变量	变量符号	测量题项
企业劳动力市场环境管理能力(Ent-Lab)	12. Ent-Lab1	12. 企业注重员工培训、学习与知识、信息的共享，提高员工的工作技能
	13. Ent-Lab2	13. 公司为员工提供了更多的培训和再学习的机会
	14. Ent-Lab3	14. 公司为吸引人才提供了更为优厚的待遇和发展机会
	15. Ent-Lab4	15. 新《劳动法》的出台未对公司的生产经营活动产生不良的影响
企业资源环境及资源市场的管理能力(Ent-Res)	16. Ent-Res1	16. 公司雇用了一大批高级人才，提升公司的创新能力
	17. Ent-Res2	17. 企业注重管理团队、人际关系与工作方式变革，创造有利于企业发展的环境
	18. Ent-Res3	18. 企业建立同媒体、公众、社区等的良好关系创造有利于企业发展的企业资源环境
	19. Ent-Res4	19. 公司具有组合企业经济活动范围，获取价值链上新的价值的能力
	20、Ent-Res5	20. 公司使用定价技巧对产品市场变化做出反应的能力较强
	21. Ent-Res6	21. 公司利用资源市场研究信息的能力较强
企业绩效测量与评估(Ent-Per)	1. Ent-Per1	1. 与同行业平均水平比，企业的利润率较高
	2. Ent-Per2	2. 与同行业平均水平比，企业的资产回报率较高
	3. Ent-Per3	3. 与同行业平均水平比，企业的投资收益率较高
	4. Ent-Per4	4. 与同行业平均水平比，企业的市场份额与竞争力较高
	5. Ent-Per5	5. 与同行业平均水平比，企业的技术创新能力较强
	6. Ent-Per6	6. 与同行业平均水平比，企业的营销能力较强
	7. Ent-Per7	7. 您在本企业工作的满意程度较高

续 表

构思变量	变量符号	测量题项
企业年龄（YEAR）	Year	企业经营年限
企业规模（SCALE）	Scale	企业员工人数
企业性质（CHARACTER）	Character	企业经营性质与形式

第四节 信度与效度的检验

在对模型中的假设检验之前，应该首先对测量的结果进行信度与效度的分析。只有在同时满足信度分析与效度分析要求的量表后，其所得出的分析结果才能被人所信服、具有说服力（李怀祖，2004）。前文已经介绍了与信度分析相关的概念和原则。本书采用“Cronbach alpha”系数对问卷量表进行信度检验。信度检验的标准，按照经验判断法，题项的总体相关系数（CITC）应该要大于0.35的标准，而且测度变量的Cronbach's alpha值应该大于0.70的标准（Nunnaily，1978）[①]。

一 信度分析

（一）企业背景环境管理能力的信度分析

信度分析本书用到的是SPSS17.0软件，在SPSS17.0软件中选择Analyse选项中的Scale选项，然后再通过选取Liability Analysis的命令选项，

① 转引自吴增源《IT能力对企业绩效的影响机制研究》，博士学位论文，浙江大学，2007年，第116页。

就可以进行本书研究测量题项的信度分析。具体步骤如下。

1. 企业经济环境管理能力的信度分析

企业经济环境管理能力的信度检验见表5－4。

表5－4　企业经济环境管理能力的信度检验

项总计统计量

	项已删除的刻度均值	项已删除的刻度方差 ɤ	校正的项总计相关性	多相关性的平方	项已删除的 Cronbach's Alpha 值
Ent-Eco1	11.0946	10.032	0.710	0.508	0.465
Ent-Eco2	11.6847	10.814	0.601	0.407	0.546
Ent-Eco3	11.3649	15.319	0.225	0.179	0.768
Ent-Eco4	11.4640	13.209	0.418	0.332	0.667

可靠性统计量

Cronbach's Alpha	基于标准化项的 Cronbach's Alpha	项　数
0.695	0.685	4

企业经济环境管理能力的初次信度检验见表5－4，综合 Cronbach's Alpha 0.695。但从表5－4中可发现，如果删除题项 Ent-Eco3 后，本量表的信度系数会提高到0.768（即＞0.685）。于是删除题项 Ent-Eco3，得到企业经济环境管理能力的第二次信度检验见表5－5。

表 5 – 5 删除相关题项后的企业经济环境管理能力的信度检验

项 总 计 统 计 量

	项已删除的刻度均值	项已删除的刻度方差 ɤ	校正的项总计相关性	多相关性的平方	项已删除的 Cronbach's Alpha 值
Ent-Eco1	7.2568	7.060	0.657	0.440	0.623
Ent-Eco2	7.8468	7.225	0.620	0.406	0.667
Ent-Eco4	7.6261	8.507	0.532	0.286	0.761

可 靠 性 统 计 量

Cronbach's Alpha	基于标准化项的 Cronbach's Alpha	项 数
0.768	0.767	3

企业经济环境管理能力的信度分析结果如下：测量题项的 CITC 值介每个都超过 0.35 的最低要求；综合的 Cronbach's Alpha 值为 0.768，大于 0.70 的标准。并且，每个因子题项删除以后，其 Cronbach's Alpha 值都不会超过目前的因子对应的 Cronbach's Alpha 值。表明删除相关题项后的企业经济环境管理能力的量表具有较高的信度。

删除题项 Ent-Eco3（企业通过对未来经济发展状况的分析，影响或改变企业的投资或贸易规划，创造有利于企业发展的环境）后能提高信度，说明在我国企业对未来经济发展状况的分析不够或不够重视，而基于此的影响或改变企业的投资或贸易规划的能力不足。因此，该题项不足以表达企业对经济环境的管理能力，这也可能与我国企业自身的特点和我国小型企业缺乏对未来经济环境发展状况的有效分析有关。

2. 企业法律环境管理能力的信度分析

企业法律环境管理能力的信度检验见表 5 – 6。

表 5 - 6　企业法律环境管理能力的信度检验

项总计统计量					
	项已删除的刻度均值	项已删除的刻度方差 ɤ	校正的项总计相关性	多相关性的平方	项已删除的 Cronbach's Alpha 值
Ent-Law1	2. 2432	2. 058	0. 576	0. 331	
Ent-Law2	3. 1892	2. 715	0. 576	0. 331	

可靠性统计量		
Cronbach's Alpha	基于标准化项的 Cronbach's Alpha	项　数
0. 726	0. 731	2

企业法律环境管理能力的信度分析结果如下：测量题项的 CITC 值介每个都超过 0. 35 的最低要求；综合的 Cronbach's Alpha 值为 0. 726，大于 0. 70 的标准。并且，每个因子题项删除以后，其 Cronbach's Alpha 值都不会超过目前的因子对应的 Cronbach's Alpha 值，表明企业法律环境管理能力的量表具有较高的信度。

3. 企业政治环境管理能力的信度分析

企业政治环境管理能力的信度检验见表 5 - 7。

表 5 - 7　企业政治环境管理能力的信度检验

项总计统计量					
	项已删除的刻度均值	项已删除的刻度方差 ɤ	校正的项总计相关性	多相关性的平方	项已删除的 Cronbach's Alpha 值
Ent-Pol1	8. 6892	7. 193	- 0. 158	0. 090	0. 860
Ent-Pol2	8. 2838	3. 272	0. 617	0. 602	- 0. 589a
Ent-Pol3	9. 4234	3. 349	0. 375	0. 622	- 0. 110a

续 表

可靠性统计量		
Cronbach's Alpha	基于标准化项的 Cronbach's Alpha	项 数
0.370	0.366	3

企业政治环境管理能力的初次信度检验如表 5－7 所示，综合的 Alpha＝0.370。但从表 5－7 中可发现，如果删除题项 Ent-Pol1 后，本量表的信度系数会提高到 0.860（即＞0.370）。于是删除题项 Ent-Pol1，得到企业政治环境管理能力的第二次信度检验见表 5－8。

表 5－8　　删除相关题项后的企业政治环境管理能力的信度检验

项总计统计量					
	项已删除的刻度均值	项已删除的刻度方差 ɤ	校正的项总计相关性	多相关性的平方	项已删除的 Cronbach's Alpha 值
Ent-Pol2	3.7748	2.402	0.766	0.586	
Ent-Pol3	4.9144	1.699	0.766	0.586	

可靠性统计量		
Cronbach's Alpha	基于标准化项的 Cronbach's Alpha	项 数
0.860	0.867	2

企业政治环境管理能力的信度分析结果如下：测量题项的 CITC 值介每个都超过 0.35 的最低要求；综合的 Cronbach's Alpha 值为 0.860，大于 0.70 的标准。并且每个因子题项删除以后，其 Cronbach's Alpha 值都不会超过目前的因子对应的 Cronbach's Alpha 值。表明删除相关题项后的企业政治环境管理能力的量表具有较高的信度。

删除题项 Ent-Pol1（企业通过创新内部环境，以适应或驾驭外部政策环境变化）后能提高信度，首先可能是本次数据采集多以中小型企业为主，其次说明在我国中小企业中对于内部环境的创新力度不够，对于外部环境的变化多采用被动适应的方法，很多企业还没有意识到需要将自身内部环境的创新同驾驭外部政策环境联系起来。

4. 企业技术环境管理能力的信度分析

企业技术环境管理能力的信度检验见表 5-9。

表 5-9　企业技术环境管理能力的信度检验

项总计统计量

	项已删除的刻度均值	项已删除的刻度方差 ɤ	校正的项总计相关性	多相关性的平方	项已删除的 Cronbach's Alpha 值
Ent-Tec1	15.2027	14.262	0.356	0.293	0.722
Ent-Tec2	16.2793	16.447	0.166	0.403	0.783
Ent-Tec3	14.5045	12.984	0.697	0.651	0.600
Ent-Tec4	13.9234	12.306	0.620	0.629	0.614
Ent-Tec5	13.6577	11.348	0.638	0.676	0.600

可靠性统计量

Cronbach's Alpha	基于标准化项的 Cronbach's Alpha	项数
0.720	0.725	5

企业技术环境管理能力的初次信度检验，综合的 Alpha = 0.725。但从表 5-9 中可发现，如果删除题项 Ent-Tec2 后，本量表的信度系数会提高到 0.783（即 >0.725）。于是删除题项 Ent-Tec2，得到企业技术环境管理能力的第二次信度检验见表 5-10。

表5-10　删除相关题项后的企业技术环境管理能力的信度检验

项总计统计量					
	项已删除的刻度均值	项已删除的刻度方差 ४	校正的项总计相关性	多相关性的平方	项已删除的 Cronbach's Alpha 值
Ent-Tec1	13.0901	11.349	0.365	0.257	0.840
Ent-Tec3	12.3919	11.045	0.579	0.443	0.740
Ent-Tec4	11.8108	9.312	0.683	0.622	0.680
Ent-Tec5	11.5450	7.978	0.779	0.633	0.617

可靠性统计量		
Cronbach's Alpha	基于标准化项的 Cronbach's Alpha	项数
0.783	0.784	4

企业技术环境管理能力的二次信度检验见表5-10，综合的Alpha = 0.783。但从表5-10中可发现，如果删除题项Ent-Tec1后，本量表的信度系数会提高到0.840（即 >0.783）。于是删除题项Ent-Tec1，得到企业技术环境管理能力的第三次信度检验见表5-11。

表5-11　第二次删除相关题项后的企业技术环境管理能力的信度检验

项总计统计量					
	项已删除的刻度均值	项已删除的刻度方差 ४	校正的项总计相关性	多相关性的平方	项已删除的 Cronbach's Alpha 值
Ent-Tec3	9.2027	6.524	0.650	0.442	0.837
Ent-Tec4	8.6216	5.060	0.783	0.614	0.699
Ent-Tec5	8.3559	4.755	0.712	0.536	0.783

可靠性统计量		
Cronbach's Alpha	基于标准化项的 Cronbach's Alpha	项数
0.840	0.845	3

经过第二次删除题项后的企业经济环境管理能力的信度分析结果如下：测量题项的CITC值介每个都超过0.35的最低要求；综合的Cronbach's Alpha值为0.840，大于0.70的标准。并且，每个因子题项删除以后，其Cronbach's Alpha值都不会超过目前的因子对应的Cronbach's Alpha值。表明删除相关题项后的企业技术环境管理能力的量表具有较高的信度。

删除题项Ent-Tec1和Ent-Tec2（企业在技术更新速度上十分迅速，最近三年来，本公司通常以突破性的技术创新而知名）后能提高信度，这两个题项被删除的原因可能是在本次调研所采集的数据结构中以中小企业为主，而中小企业对于技术上的更新往往十分被动，很多小型企业更多的是看见什么赚钱就做什么（今天这个赚就做这个，明天那个赚就做那个），还没有产品进行技术更新意识与动力，因此这两个题项被删除应该和本次调研的企业结构是分不开的。

5. 企业社会文化环境管理能力的信度分析

企业社会文化环境管理能力的信度检验见表5-12。

表5-12　企业社会文化环境管理能力的信度检验

项总计统计量					
	项已删除的刻度均值	项已删除的刻度方差 ɤ	校正的项总计相关性	多相关性的平方	项已删除的Cronbach's Alpha值
Ent-Cul1	14.0901	6.906	0.695	0.494	0.636
Ent-Cul2	12.2027	10.189	0.520	0.324	0.722
Ent-Cul3	12.7072	11.556	0.606	0.407	0.702
Ent-Cul4	12.2703	11.185	0.513	0.326	0.728

可靠性统计量		
Cronbach's Alpha	基于标准化项的Cronbach's Alpha	项数
0.759	0.775	4

企业社会文化环境管理能力的信度分析结果如下：测量题项的CITC值介每个都超过0.35的最低要求；综合的Cronbach's Alpha值为0.759，大于0.70的标准。并且，每个因子题项删除后，其Cronbach's Alpha值都不会超过目前的因子对应的Cronbach's Alpha值，表明企业社会文化环境管理能力的量表具有较高的信度。

6. 企业社会道德环境管理能力的信度分析

企业社会道德环境管理能力的信度检验见表5-13。

表5-13　　企业社会道德环境管理能力的信度检验

项总计统计量

	项已删除的刻度均值	项已删除的刻度方差 ɤ	校正的项总计相关性	多相关性的平方	项已删除的Cronbach's Alpha值
Ent-Mor1	4.3829	3.052	0.523	0.287	0.735
Ent-Mor2	7.2342	3.058	0.681	0.536	0.482
Ent-Mor3	8.1937	5.017	0.595	0.449	0.693

可靠性统计量

Cronbach's Alpha	基于标准化项的Cronbach's Alpha	项　数
0.733	0.773	3

企业社会道德环境管理能力的初次信度检验，综合的Alpha=0.733。但从表5-13中可发现，如果删除题项Ent-Mor1后，本量表的信度系数会提高到0.735（即>0.733），于是删除题项Ent-Mor1，得到企业社会道德环境管理能力的第二次信度检验见表5-14。

表 5-14 删除相关题项后的企业社会道德环境管理能力的信度检验

项 总 计 统 计 量

	项已删除的刻度均值	项已删除的刻度方差 ɤ	校正的项总计相关性	多相关性的平方	项已删除的 Cronbach's Alpha 值
Ent-Mor2	1.7117	0.487	0.669	0.448	
Ent-Mor3	2.6712	1.443	0.669	0.448	

可 靠 性 统 计 量

Cronbach's Alpha	基于标准化项的 Cronbach's Alpha	项 数
0.735	0.802	2

企业社会道德环境管理能力的信度分析结果如下：测量题项的 CITC 值介每个都超过 0.35 的最低要求；综合的 Cronbach's Alpha 值为 0.735，大于 0.70 的标准。并且，每个因子题项删除后，其 Cronbach's Alpha 值都不会超过目前的因子对应的 Cronbach's Alpha 值，表明删除相关题项后的企业社会道德环境管理能力的量表具有较高的信度。

删除题项 Ent-Mor1（企业非常注重产品的健康、安全标准与管制要求）后能提高信度，说明我国很多中小企业对于产品的健康、安全标准与管制要求重视的都还不够，很多企业还处在企业发展的初级阶段，以企业的盈利为企业发展的唯一动力。

（二）企业运营环境管理能力的信度分析

1. 企业供应商环境管理能力的信度分析

企业供应商环境管理能力的信度检验见表 5-15。

表 5－15 企业供应商环境管理能力的信度检验

项 总 计 统 计 量

	项已删除的刻度均值	项已删除的刻度方差 ɤ	校正的项总计相关性	多相关性的平方	项已删除的 Cronbach's Alpha 值
Ent-Sup1	13. 2928	9. 683	0. 217	0. 305	0. 704
Ent-Sup2	14. 7297	5. 999	0. 445	0. 404	0. 602
Ent-Sup3	12. 9775	6. 647	0. 531	0. 643	0. 515
Ent-Sup4	13. 1081	7. 391	0. 618	0. 715	0. 486

可 靠 性 统 计 量

Cronbach's Alpha	基于标准化项的 Cronbach's Alpha	项 数
0. 655	0. 657	4

企业供应商环境管理能力的初次信度检验，综合的 Alpha＝0. 655。但从表 5－15 中可发现，如果删除题项 Ent-Sup1 后，本量表的信度系数会提高到 0. 704（即＞0. 655），于是删除题项 Ent-Sup1，得到企业供应商环境管理能力的第二次信度检验见表 5－16。

表 5－16 删除相关题项后的企业供应商环境管理能力的信度检验

项 总 计 统 计 量

	项已删除的刻度均值	项已删除的刻度方差 ɤ	校正的项总计相关性	多相关性的平方	项已删除的 Cronbach's Alpha 值
Ent-Sup2	9. 9865	4. 611	0. 392	0. 270	0. 828
Ent-Sup3	8. 2342	5. 058	0. 510	0. 542	0. 626
Ent-Sup4	8. 3649	5. 156	0. 756	0. 630	0. 407

续 表

可靠性统计量		
Cronbach's Alpha	基于标准化项的 Cronbach's Alpha	项数
0.704	0.746	3

企业供应商环境管理能力的二次信度检验见表5－16，综合的 Alpha＝0.704。但从表5－16中可发现，如果删除题项 Ent-Sup2 后，本量表的信度系数会提高到0.828（即＞0.704），于是删除题项 Ent-Sup2，得到企业供应商环境管理能力的第三次信度检验见表5－17。

表5－17 第二次删除相关题项后的企业供应商环境管理能力的信度检验

项总计统计量					
	项已删除的刻度均值	项已删除的刻度方差 ɤ	校正的项总计相关性	多相关性的平方	项已删除的 Cronbach's Alpha 值
Ent-Sup3	4.9279	1.036	0.727	0.528	
Ent-Sup4	5.0586	1.666	0.727	0.528	

可靠性统计量		
Cronbach's Alpha	基于标准化项的 Cronbach's Alpha	项数
0.828	0.842	2

经过第二次删除题项后的企业供应商环境管理能力的信度分析结果如下：测量题项的 CITC 值介每个都超过0.35的最低要求；综合的 Cronbach's Alpha 值为0.828，大于0.70的标准。并且，每个因子题项删除后，其 Cronbach's Alpha 值都不会超过目前的因子对应的 Cronbach's Alpha 值，表明删除相关题项后的企业供应商环境能力的量表具有较高的信度。

删除题项 Ent-Sup1 和 Ent-Sup2（企业通过建立与供应商、经销商等的合作关系创造有利于企业发展的环境；企业通过上下游企业的收购与兼并，创造有利于企业发展的环境）后能提高信度，对于这两个题项被删除的原因可能是：首先，对于本次调研数据中的企业，特别是中小企业，还没有形成与供应商、经销商的合作关系，大多都还是处于初级的价格比较选择阶段；其次，本次调研的企业中具备收购兼并实力的企业着实不多。

2. 企业竞争者环境管理能力的信度分析

企业竞争者环境管理能力的信度检验见表 5 – 18。

表 5 – 18 企业竞争者环境管理能力的信度检验

项总计统计量

	项已删除的刻度均值	项已删除的刻度方差 ɤ	校正的项总计相关性	多相关性的平方	项已删除的 Cronbach's Alpha 值
Ent-Com1	6. 2523	3. 873	0. 635	0. 528	0. 637
Ent-Com2	6. 5270	4. 386	0. 712	0. 563	0. 584
Ent-Com3	5. 2838	4. 159	0. 479	0. 242	0. 830

可靠性统计量

Cronbach's Alpha	基于标准化项的 Cronbach's Alpha	项数
0. 764	0. 779	3

企业竞争者环境管理能力的初次信度检验见表 5 – 18，综合的 Alpha = 0. 764。但从表 5 – 18 中可发现，如果删除题项 Ent-Com3 后，本量表的信度系数会提高到 0. 830（即 >0. 764），于是删除题项 Ent-Com3，得到企业竞争者环境管理能力的第二次信度检验见表 5 – 19。

表 5 – 19　删除相关题项后的企业竞争者环境管理能力的信度检验

项总计统计量

	项已删除的刻度均值	项已删除的刻度方差 ɤ	校正的项总计相关性	多相关性的平方	项已删除的 Cronbach's Alpha 值
Ent-Com1	2.5045	0.984	0.723	0.522	
Ent-Com2	2.7793	1.449	0.723	0.522	

可靠性统计量

Cronbach's Alpha	基于标准化项的 Cronbach's Alpha	项　数
0.830	0.839	2

企业竞争者环境管理能力的信度分析结果如下：测量题项的 CITC 值介每个都超过 0.35 的最低要求；综合的 Cronbach's Alpha 值为 0.830，大于 0.70 的标准。并且，每个因子题项删除后，其 Cronbach's Alpha 值都不会超过目前的因子对应的 Cronbach's Alpha 值，表明删除相关题项后的企业竞争者环境管理能力的量表具有较高的信度。

删除题项 Ent-Com3（企业有专门的人或部分负责竞争对手情况的分析，定期对企业未来的竞争环境做出专业的预测）后能提高信度，说明在本次调研企业中很少有企业成立专门的部门对竞争者环境进行有效分析，这也从另一个方面说明了我国现阶段中小企业发展过程中的一个现状。

3. 企业消费者环境管理能力的信度分析

企业消费者环境管理能力的信度检验见表 5 – 20。

表5－20 企业消费者环境管理能力的信度检验

项总计统计量

	项已删除的刻度均值	项已删除的刻度方差 ɤ	校正的项总计相关性	多相关性的平方	项已删除的 Cronbach's Alpha 值
Ent-Con1	14.5180	5.491	0.606	0.380	0.755
Ent-Con2	14.0991	4.850	0.784	0.642	0.667
Ent-Con3	14.5270	6.133	0.438	0.237	0.828
Ent-Con4	14.9640	4.587	0.659	0.564	0.731

可靠性统计量

Cronbach's Alpha	基于标准化项的 Cronbach's Alpha	项数
0.801	0.801	4

企业消费者环境管理能力的初次信度检验见表5－20，综合的 Alpha = 0.801。但从表5－20中可发现，如果删除题项 Ent-Con3 后，本量表的信度系数会提高到0.828（即 > 0.801），于是删除题项Ent-Con3，得到企业消费者环境管理能力的第二次信度检验见表5－21。

表5－21 删除相关题项后的企业消费者环境管理能力的信度检验

项总计统计量

	项已删除的刻度均值	项已删除的刻度方差 ɤ	校正的项总计相关性	多相关性的平方	项已删除的 Cronbach's Alpha 值
Ent-Con1	9.6757	3.406	0.598	0.368	0.843
Ent-Con2	9.2568	2.943	0.768	0.602	0.685
Ent-Con4	10.1216	2.533	0.714	0.562	0.743

续　表

可靠性统计量		
Cronbach's Alpha	基于标准化项的 Cronbach's Alpha	项　数
0.828	0.831	3

企业消费者环境管理能力的二次信度检验见表5－21，综合的 Alpha = 0.828。但从表5－21中可发现，如果删除题项 Ent-Con1 后，本量表的信度系数会提高到0.843（即 >0.828），于是删除题项 Ent-Con1，得到企业消费者环境管理能力的第三次信度检验见表5－22。

表5－22　第二次删除相关题项后的企业消费者环境管理能力的信度检验

项总计统计量					
	项已删除的刻度均值	项已删除的刻度方差 ɤ	校正的项总计相关性	多相关性的平方	项已删除的 Cronbach's Alpha 值
Ent-Con2	4.4054	1.156	0.740	0.548	
Ent-Con4	5.2703	0.814	0.740	0.548	

可靠性统计量		
Cronbach's Alpha	基于标准化项的 Cronbach's Alpha	项　数
0.843	0.851	2

经过第二次删除题项后的企业消费者环境管理能力的信度分析结果如下：测量题项的 CITC 值介每个都超过0.35的最低要求；综合的 Cronbach's Alpha 值为0.843，大于0.70的标准。并且，每个因子题项删除后，其 Cronbach's Alpha 值都不会超过目前的因子对应的 Cronbach's Alpha 值。表明删除相关题项后的企业消费者环境管理能力的量表具有较高的信度。

删除题项 Ent-Con1 和 Ent-Con3（企业总能依据消费者需求的变换，迅速开发出新产品满足消费者新的需求；公司具有开发新产品、丰富新产品的能力，使消费者习惯新产品，创造新的消费需求）后能提高信度，这也反映了我国中小企业发展过程中的一种观念，只注重短期利益，而对企业的长期可持续发展的重视程度不够。

4. 企业劳动力市场环境管理能力的信度分析

企业劳动力市场环境管理能力的信度检验见表 5 – 23。

表 5 – 23 企业劳动力市场环境管理能力的信度检验

项总计统计量

	项已删除的刻度均值	项已删除的刻度方差 ɤ	校正的项总计相关性	多相关性的平方	项已删除的 Cronbach's Alpha 值
Ent-Lab1	14.0360	7.763	0.662	0.635	0.631
Ent-Lab2	14.0901	6.770	0.820	0.733	0.528
Ent-Lab3	12.4550	10.982	0.377	0.249	0.777
Ent-Lab4	12.9189	7.622	0.435	0.302	0.791

可靠性统计量

Cronbach's Alpha	基于标准化项的 Cronbach's Alpha	项数
0.753	0.763	4

企业劳动力市场环境能力的初次信度检验见表 5 – 23，综合的 Alpha = 0.752。但从表 5 – 23 中可发现，如果删除题项 Ent-Lab4 后，本量表的信度系数会提高到 0.791（即 >0.752），于是删除题项 Ent-Lab4，得到企业劳动力市场环境管理能力的第二次信度检验见表 5 – 24。

表 5－24　删除相关题项后的企业劳动力市场环境管理能力的信度检验

项总计统计量					
	项已删除的刻度均值	项已删除的刻度方差 ɤ	校正的项总计相关性	多相关性的平方	项已删除的 Cronbach's Alpha 值
Ent-Lab1	9.1216	3.121	0.727	0.631	0.606
Ent-Lab2	9.1757	2.779	0.798	0.669	0.515
Ent-Lab3	7.5405	5.326	0.452	0.229	0.885

可靠性统计量		
Cronbach's Alpha	基于标准化项的 Cronbach's Alpha	项　数
0.791	0.785	3

企业劳动力市场环境能力的二次信度检验见表 5－24，综合的 Alpha = 0.791。但从表 5－24 中可发现，如果删除题项 Ent-Lab3 后，本量表的信度系数会提高到 0.885（即 >0.791），于是删除题项 Ent-Lab3，得到企业劳动力市场环境管理能力的第三次信度检验见表 5－25。

表 5－25　第二次删除相关题项后的企业劳动力市场环境管理能力的信度检验

项总计统计量					
	项已删除的刻度均值	项已删除的刻度方差 ɤ	校正的项总计相关性	多相关性的平方	项已删除的 Cronbach's Alpha 值
Ent-Lab1	3.7432	1.540	0.794	0.631	
Ent-Lab2	3.7973	1.429	0.794	0.631	

可靠性统计量		
Cronbach's Alpha	基于标准化项的 Cronbach's Alpha	项　数
0.885	0.885	2

经过第二次删除题项后的企业劳动力市场环境管理能力的信度分析结

果如下：测量题项的 CITC 值介每个都超过 0.35 的最低要求；综合的 Cronbach's Alpha 值为 0.885，大于 0.70 的标准。并且，每个因子题项删除后，其 Cronbach's Alpha 值都不会超过目前的因子对应的 Cronbach's Alpha 值，表明删除相关题项后的企业劳动力市场环境管理能力的量表具有较高的信度。

删除题项 Ent-Lab3 和 Ent-Lab4（公司为吸引人才提供了更为优厚的待遇和发展机会；新《劳动法》的出台未对公司的生产经营活动产生不良的影响）后能提高信度，说明很多企业对于国家法律都处于被动适应，在吸引人才上的工作做得还相对不够，和大多数同行业相比还处在低级阶段。

5. 企业资源环境及资源市场管理能力的信度分析

企业资源环境及资源市场管理能力的信度检验见表 5 – 26。

表 5 – 26　企业资源环境及资源市场管理能力的信度检验

项总计统计量

	项已删除的刻度均值	项已删除的刻度方差 ४	校正的项总计相关性	多相关性的平方	项已删除的 Cronbach's Alpha 值
Ent-Res1	23.9459	15.988	–0.040	0.339	0.707
Ent-Res2	24.5045	10.486	0.423	0.536	0.554
Ent-Res3	23.4865	10.486	0.729	0.758	0.431
Ent-Res4	24.0991	12.461	0.304	0.571	0.603
Ent-Res5	23.5270	11.979	0.374	0.502	0.573
Ent-Res6	22.7117	13.582	0.530	0.594	0.554

可靠性统计量

Cronbach's Alpha	基于标准化项的 Cronbach's Alpha	项数
0.624	0.649	6

企业资源环境及资源市场管理能力的初次信度检验见表5-26，综合的Alpha=0.624。但从表5-26中可发现，如果删除题项Ent-Res1后，本量表的信度系数会提高到0.707（即>0.624），于是删除题项Ent-Res1，得到企业资源环境及资源市场管理能力的第二次信度检验见表5-27。

表5-27　删除相关题项后的企业资源环境及资源市场管理能力的信度检验

项总计统计量

	项已删除的刻度均值	项已删除的刻度方差	校正的项总计相关性	多相关性的平方	项已删除的Cronbach's Alpha值
Ent-Res2	19.9955	10.493	0.344	0.465	0.729
Ent-Res3	18.9775	9.497	0.802	0.737	0.521
Ent-Res4	19.5901	10.922	0.420	0.571	0.678
Ent-Res5	19.0180	10.832	0.442	0.451	0.668
Ent-Res6	18.2027	13.167	0.471	0.502	0.678

可靠性统计量

Cronbach's Alpha	基于标准化项的Cronbach's Alpha	项数
0.707	0.739	5

企业资源环境及资源市场管理能力的二次信度检验见表5-27，综合的Alpha=0.707。但从表5-27中可发现，如果删除题项Ent-Res2后，本量表的信度系数会提高到0.729（即>0.707），于是删除题项Ent-Res2，得到企业资源环境及资源市场管理能力的第三次信度检验见表5-28。

表5-28　第二次删除相关题项后的企业资源环境及资源市场管理能力的信度检验

项总计统计量

	项已删除的刻度均值	项已删除的刻度方差 ɤ	校正的项总计相关性	多相关性的平方	项已删除的 Cronbach's Alpha 值
Ent-Res3	15.0270	5.900	0.655	0.545	0.586
Ent-Res4	15.6396	5.924	0.489	0.497	0.696
Ent-Res5	15.0676	5.765	0.534	0.451	0.664
Ent-Res6	14.2523	8.153	0.476	0.497	0.712

可靠性统计量

Cronbach's Alpha	基于标准化项的 Cronbach's Alpha	项数
0.729	0.745	4

经过第二次删除题项后的企业资源环境及资源市场管理能力的信度分析结果如下：测量题项的 CITC 值介每个都超过 0.35 的最低要求；综合的 Cronbach's Alpha 值为 0.729，大于 0.70 的标准。并且，每个因子题项删除后，其 Cronbach's Alpha 值都不会超过目前的因子对应的 Cronbach's Alpha 值，表明删除相关题项后的企业资源环境及资源市场管理能力的量表具有较高的信度。

删除题项 Ent-Res1 和 Ent-Res2（公司雇用了一大批高级人才，提升公司的创新能力；企业注重管理团队、人际关系与工作方式变革，创造有利于企业发展的环境）后能提高信度，说明我国中小企业对于雇用高级人才提升创新能力，注重管理团队、人际关系与工作方式变革上的重视程度不够的问题，中小企业更愿意雇用廉价劳动力创造直接价值。

（三）企业绩效的测量与评估的信度分析

企业绩效的测量与评估的信度检验见表5－29。

表5－29　企业绩效的测量与评估的信度检验

项总计统计量

	项已删除的刻度均值	项已删除的刻度方差 ४	校正的项总计相关性	多相关性的平方	项已删除的Cronbach's Alpha值
Ent-Per1	22.2297	16.467	0.732	0.670	0.637
Ent-Per2	21.7613	18.744	0.640	0.837	0.673
Ent-Per3	21.9414	18.417	0.659	0.748	0.668
Ent-Per4	22.9820	16.325	0.636	0.614	0.660
Ent-Per5	22.3198	23.875	－0.040	0.317	0.828
Ent-Per6	21.4910	21.056	0.233	0.202	0.761
Ent-Per7	21.3559	20.013	0.641	0.665	0.686

可靠性统计量

Cronbach's Alpha	基于标准化项的Cronbach's Alpha	项数
0.740	0.775	7

企业绩效的测量与评估的初次信度检验见表5－29，综合的Alpha＝0.740。但从表5－29中可发现，如果删除题项Ent-Per5后，本量表的信度系数会提高到0.828（即＞0.740），于是删除题项Ent-Per5，得到企业绩效的测量与评估的第二次信度检验见表5－30。

表 5－30 删除题项 Ent-Per5 后企业绩效的测量与评估的信度检验

项总计统计量

	项已删除的刻度均值	项已删除的刻度方差 ɤ	校正的项总计相关性	多相关性的平方	项已删除的 Cronbach's Alpha 值
Ent-Per1	18.8694	15.300	0.749	0.635	0.766
Ent-Per2	18.4009	16.712	0.773	0.821	0.769
Ent-Per3	18.5811	16.588	0.763	0.747	0.770
Ent-Per4	19.6216	14.996	0.670	0.614	0.787
Ent-Per6	18.1306	20.811	0.142	0.066	0.895
Ent-Per7	17.9955	18.484	0.706	0.664	0.792

可靠性统计量

Cronbach's Alpha	基于标准化项的 Cronbach's Alpha	项数
0.828	0.848	6

企业绩效的测量与评估的二次信度检验见表 5－30，综合的 Alpha = 0.828。但从表5－30中可发现，如果删除题项 Ent-Per6 后，本量表的信度系数会提高到 0.95（即 >0.828），于是删除题项 Ent-Per6，得到企业绩效的测量与评估的第三次信度检验见表 5－31。

表 5－31 第二次删除相关题项后的企业绩效的测量与评估的信度检验

项总计统计量

	项已删除的刻度均值	项已删除的刻度方差 ɤ	校正的项总计相关性	多相关性的平方	项已删除的 Cronbach's Alpha 值
Ent-Per1	14.6802	12.571	0.787	0.635	0.863
Ent-Per2	14.2117	13.932	0.808	0.818	0.860

续　表

项总计统计量					
Ent-Per3	14.3919	14.058	0.758	0.733	0.869
Ent-Per4	15.4324	12.192	0.715	0.610	0.888
Ent-Per7	13.8063	15.587	0.742	0.663	0.881

可靠性统计量

Cronbach's Alpha	基于标准化项的 Cronbach's Alpha	项　数
0.895	0.907	5

经过第二次删除题项后的企业绩效评估的信度分析结果如下：测量题项的 CITC 值介每个都超过 0.35 的最低要求；综合的 Cronbach's Alpha 值为 0.895，大于 0.70 的标准。并且，每个因子题项删除后，其 Cronbach's Alpha值都不会超过目前的因子对应的 Cronbach's Alpha 值，表明删除相关题项后的企业绩效评估的量表具有较高的信度。

删除题项 Ent-Per5 和 Ent-Per6（与同行业平均水平相比，企业的技术创新能力较强；与同行业平均水平相比，企业的营销能力较强）后能提高信度，这可能与我国企业自身的产品结构和品牌影响力有关，即企业自身营销能力的高低不能全面地反映出企业绩效的优劣情况，也说明了我国大多数中小企业的技术创新能力有待提高。

二　效度分析

测验或量表所能正确测量的特质程度，一般就是效度。效度的分类包括三种：内容效度、效标关联效度和建构效度。[①]

内容效度是指量表内容或题项的适当性与代表性，即测量内容能否反

① 吴明隆：《SPSS 统计应用实务》，科学出版社 2003 年版，第 63 页。

映所要测量内容的特质（吴明隆，2003）。本书模型中各变量具体指标的提出，是在分析了国内外文献与理论研究以及调查典型企业的基础上构建的，而后经过小样本预测修改而成，因而量表具有适宜的内容效度。

效标关联效度是指测验与外在效标之间关联的程度，如果测验与外在效标间的相关程度越高，表示此测验的效标关联度越高（吴明隆，2003）。效标是指与被测群体无关的外部客观标准。当研究采用的变量是企业管理中的软性因素，需要凭借答卷者自身认知来判断时，很难找到概念上完全重合的客观效标，因此需要来验证衡量分数与效标间的关系，这样的研究属于统计实证分析，因而效标关联效度又称为实证性效度。① 本书所研究方面正是属于这样的情况，测量量表很难找到概念上完全重合的客观效标，需要通过实证检验来验证效度。

建构效度是指量表能够测量出理论的特质或概念的程度。建构效度检验是以理论的逻辑分析为基础，然后根据实际所收集的数据来检验理论是否正确，是一种相当严谨的效度检验方法（吴明隆，2003）。建构效度检验的常用方法是因子分析，研究者如果以因子分析去检验测验工具的效度，并有效地抽取共同因子，此共同因子与理论结构的特质非常接近，则可以说明此测验工具或量表具有构建效度（吴明隆，2003）。

本书以因子分析来检验建构效度，用因子分析提取测度题项的共同因子，若得到的共同因子与理论结构较为接近，则可判断测量工具具有构思效度。按照经验判断方法，当KMO（Kaiser-Meyer-Olkin）值大于0.7，各题项载荷系数大于0.5时，可以通过因子分析将同一变量的各测度题项合并为一个因子进行后续分析（马庆国，2002）。结果本书接下来将逐一描述各变量的因子分析结果。

① 参见陈钰芬、陈劲《开放式创新：机理与模式》，科学出版社2008年版，第102页。

（一）企业背景环境管理能力的效度分析

本书先利用SPSS17.0软件对企业背景环境管理能力的各个题项做了探索性因子分析。对于探索性因子分析，它要求所有研究变量之间要有较强的关联性，如果研究变量之间不存在较强的关联性，则无法从中提取出有共同特质的因子。因此，本书在做因子分析之前，对所有相关变量先做了相关性分析，为进一步的因子分析做好准备。KOM（Kaiser-Meyer-Olkin）和Bartlett's球形检验（Bartlett's Test of Sphericity）是SPSS上提供的常用的用于做相关性分析的方法，通过它检验数据变量之间是否有较强的相关性及是否适合做因子分析。若通过检验KOM值越大时，表示更多的变量间有共同因素，这就表示该数据越适合进行因子分析。根据吴明隆的总结，① 当KOM值小于0.6时，数据不适合进行因子分析；当KOM值在0.6与0.7之间，则说明数据勉强可以进行因子分析；当KOM值大于0.7时，说明数据可以进行因子分析。测量企业背景环境管理能力量表的KOM样本测度和Bartlett's球形检验结果见表5－32，通过检测发现KOM值为0.701，大于0.7，这表示非常适宜进行因子分析。此外，通过检验还发现Bartlett's球形检验的 χ^2 统计值的显著性概率是0.000，小于1%的标准，这也说明该数据非常适宜做因子分析。

表5－32　企业背景环境管理能力量表的KOM样本测度和Bartlett's球形检验结果

KMO和Bartlett's的检验		
取样足够度的Kaiser-Meyer-Olkin度量		0.701
Bartlett's的球形度检验	近似卡方	366.075
	df	12
	Sig.	0.000

① 吴明隆：《SPSS统计应用实务》，科学出版社2003年版，第67页。

因子分析的结果显示有 4 个因子被识别出来。这 4 个因子的特征值和所解释方差的比例等结果分别表 5 – 33，旋转以后 4 个因子占总体方差的比例分别是 28.054%、23.555%、12.412% 和 10.466%，4 个因子共解释了变量的 74.486% 的方差，对应的特征值分别是 4.489、3.769、1.986 和 1.675。

表 5 – 33　　企业背景环境管理能力探索性因子分析的结果

解释的总方差

成分	初始特征值			提取平方和载入			旋转平方和载入		
	合计	方差的%	累积%	合计	方差的%	累积%	合计	方差的%	累积%
1	4.489	28.054	28.054	4.489	28.054	28.054	3.947	24.668	24.668
2	3.769	23.555	51.609	3.769	23.555	51.609	2.857	17.859	42.526
3	1.986	12.412	64.020	1.986	12.412	64.020	2.582	16.140	58.667
4	1.675	10.466	74.486	1.675	10.466	74.486	2.531	15.820	74.486
5	0.953	5.956	80.442						
6	0.766	4.785	85.226						
7	0.688	4.300	89.526						
8	0.542	3.386	92.912						
9	0.382	2.384	95.297						
10	0.262	1.638	96.935						
11	0.173	1.080	98.015						
12	0.145	0.905	98.920						
13	0.095	0.597	99.517						
14	0.034	0.215	99.732						
15	0.033	0.208	99.941						
16	0.010	0.059	100.000						

提取方法：主成分分析

旋转后的因子载荷矩阵见表 5－34，由于企业经济环境管理能力的 3 个题项在因子 2 上有较大的载荷值，因子载荷系数均大于 0.5（最大值为 0.766，最小值为 0.560），因此可以将这些题项归为一组，称为企业经济环境管理能力。企业法律环境管理能力的 2 个题项在因子 3 上有较大的载荷值，因子载荷系数均大于 0.5（最大值为 0.556，最小值为 0.510），因此可以将这些题项归为一组，称为企业法律环境管理能力。企业政治环境管理能力的 2 个题项在因子 3 上有较大的载荷值，因子载荷系数均大于 0.5（最大值为 0.921，最小值为 0.862），因此可以将这些题项归为一组，称为企业政治环境管理能力。企业技术环境管理能力的 3 个题项在因子 1 上有较大的载荷值，因子载荷系数均大于 0.5（最大值为 0.858，最小值为 0.751），因此可以将这些题项归为一组，称为企业技术环境管理能力。企业社会文化环境管理能力的 4 个题项在因子 1 宣传和因子 4 文化上有较大的载荷值，因子载荷系数均大于 0.5（最大值为 0.818，最小值为 0.626），因此可以将这些题项归为一组，称为企业社会文化环境管理能力。企业社会道德环境管理能力的 2 个题项在因子 2 上有较大的载荷值，因子载荷系数均大于 0.5（最大值为 0.814，最小值为 0.763），因此可以将这些题项归为一组，称为企业社会道德环境管理能力。

表 5－34　　企业背景环境管理能力测量题项的因子载荷

变　量	题　　项	因子 1	因子 2	因子 3	因子 4
企业经济环境管理能力	企业通过与行业、中介组织等的沟通或联盟创造有利于企业经济发展的环境	0.492	0.560	0.068	－0.527
	企业建立了行业环境变化的预警机制	－0.079	0.685	0.006	－0.480
	企业建立了行业环境变化的应急机制，能对环境变化做出及时响应	0.001	0.766	0.230	－0.105

续 表

变 量	题 项	因子1	因子2	因子3	因子4
企业法律环境管理能力	企业通过与政府的沟通,影响或改变现有政策与法律法规等,创造有利于企业发展的环境	-0.680	0.303	0.510	-0.089
	国家节能减排与环境保护政策的出台未导致企业成本迅速上升	-0.346	0.189	0.556	0.004
企业政治环境管理能力	公司与当地政府关系和谐,能在政府的支持下获取长期发展的资本	0.139	0.255	0.862	-0.257
	公司能够从政府争取到优惠与便利的政策促进企业发展	0.009	0.008	0.921	-0.029
企业技术环境管理能力	公司能创造性地整合利用各种知识与技术	0.751	0.006	-0.299	0.175
	公司有依市场需求对产品进行改良的能力	0.858	0.006	-0.090	0.262
	公司有对生产工艺进行改良的能力	0.813	0.097	0.021	-0.134
企业社会文化环境管理能力	企业经常参与专业学术会议或展览会	0.626	0.129	0.148	0.573
	企业经常会通过各种手段宣传自身的文化	0.764	0.074	0.373	0.223
	企业创建了有利于创新的企业文化	0.288	-0.051	-0.180	0.784
	企业具有鼓励创新的氛围,建立了有利于创新的激励机制	0.088	0.122	-0.095	0.818
企业社会道德环境管理能力	企业经常参加各种公益活动	0.247	0.814	0.254	0.236
	企业会定期安排专项资金用于社会各种公益事业的捐赠活动	-0.104	0.763	-0.002	0.317
旋转方法:方差最大化正交旋转					

(二) 企业运营环境管理能力的效度分析

测量企业运营环境管理能力的子量表的KOM样本测度和Bartlett's球形检验结果见表5-35，通过检验发现KOM值为0.744，大于0.7，这表示很适合进行因子分析。此外，通过检验还发现 Bartlett's 球形检验的 χ^2 统计值的显著性概率是 0.000，小于 1%，这也说明该数据非常适宜做因子分析。

表 5－35　企业运营环境管理能力子量表的 KOM 样本测度和 Bartlett's 球形检验结果

KMO 和 Bartlett's 的检验		
取样足够度的 Kaiser-Meyer-Olkin 度量		0.744
Bartlett's 的球形度检验	近似卡方	179.255
	df	6
	Sig.	0.000

因子分析的结果显示有 5 个因子被识别出来。这 5 个因子的特征值和所解释方差的比例等结果分别见表 5－36，旋转以后 5 个因子占总体方差的比例分别是 19.625%、17.161%、16.342%、15.731% 和 15.596%，3 个因子共解释了变量的 84.455% 的方差，对应的特征值分别是 3.835、2.124、1.714、1.345 和 1.117。

表 5－36　企业运营环境管理能力探索性因子分析的结果

解释的总方差

成分	初始特征值			提取平方和载入			旋转平方和载入		
	合计	方差的%	累积%	合计	方差的%	累积%	合计	方差的%	累积%
1	3.835	31.957	31.957	3.835	31.957	31.957	2.355	19.625	19.625
2	2.124	17.702	49.659	2.124	17.702	49.659	2.059	17.161	36.786
3	1.714	14.283	63.943	1.714	14.283	63.943	1.961	16.342	53.127
4	1.345	11.205	75.147	1.345	11.205	75.147	1.888	15.731	68.859
5	1.117	9.307	84.455	1.117	9.307	84.455	1.871	15.596	84.455

续 表

解释的总方差									
成分	初始特征值			提取平方和载入			旋转平方和载入		
	合计	方差的%	累积%	合计	方差的%	累积%	合计	方差的%	累积%
6	0.698	5.821	90.275						
7	0.398	3.319	93.594						
8	0.254	2.114	95.708						
9	0.187	1.559	97.267						
10	0.165	1.374	98.641						
11	0.116	0.963	99.605						
12	0.047	0.395	100.000						

提取方法:主成分分析

旋转后的因子载荷矩阵见表5-37，由于企业供应商环境管理能力这些题项均在因子2上有较大的因子负荷，因此我们可以统称为企业供应商环境管理能力。企业竞争者环境管理能力的2个题项在因子5上有较大的载荷值，因子载荷系数均大于0.5（最大值为0.929，最小值为0.884），因此可以将这些题项归为一组，称为企业竞争者环境管理能力。企业消费者环境管理能力的2个题项在因子1上有较大的载荷值，因子载荷系数均大于0.5（最大值为0.830，最小值为0.784），因此可以将这些题项归为一组，称为企业消费者环境管理能力。企业劳动力市场环境管理能力的2个题项在因子3上有较大的载荷值，因子载荷系数均大于0.5（最大值为0.946，最小值为0.920），因此可以将这些题项归为一组，称为企业劳动力市场环境管理能力。企业资源环境及资源市场管理能力这些题项均在因子4资源环境和因子1资源市场上有较大的因子负荷，因此我们可以统称为企业资源环境及资源市场管理能力。

表 5-37 企业运营环境管理能力测量题项的因子载荷

变量	题项	因子1	因子2	因子3	因子4	因子5
企业供应商环境管理能力	公司能够为供应商提供高水平支持的能力	0.112	0.929	0.026	0.136	0.048
	公司为供应商业务增加价值的能力强	0.316	0.775	-0.143	0.161	0.113
企业竞争者环境管理能力	最近三年来,本公司通常先于竞争对手利用新技术来开拓和占领新市场	0.241	0.276	-0.034	0.060	0.884
	企业通过技术、管理、组织等创新活动,产生了社会影响或示范效应,创造了有利于企业发展的竞争环境	-0.024	-0.095	-0.011	0.097	0.929
企业消费者环境管理能力	公司引进了较多的市场营销人才,对消费者的消费需求与习惯进行预测性研究	0.784	0.373	0.111	-0.114	-0.050
	公司开发并执行广告计划的能力较强,能适时引导消费者习惯	0.830	0.175	0.111	-0.075	0.298
企业劳动力市场环境管理能力	企业注重员工培训、学习与知识、信息的共享,提高员工的工作技能	0.000	-0.075	0.920	-0.107	-0.179
	公司为员工提供了更多的培训和再学习的机会	0.018	-0.019	0.946	-0.072	0.129
企业资源环境及资源市场管理能力	企业建立同媒体、公众、社区等的良好关系创造有利于企业发展的企业资源环境	0.169	0.059	-0.049	0.892	0.123
	公司具有组合企业经济活动的范围,获取价值链上新的价值的能力	-0.228	0.375	-0.128	0.778	0.035
	公司使用定价技巧对产品市场变化做出反应的能力较强	0.587	0.412	-0.328	0.409	-0.204
	公司利用资源市场研究信息的能力较强	0.674	-0.144	-0.214	0.475	0.117
旋转方法:方差最大化正交旋转						

（三）企业绩效的效度分析

测量企业绩效的子量表的KOM样本测度和Bartlett’s球形检验结果见表5－38，通过检验发现KOM值为0.732，大于0.7，这表示该数据很适合进行因子分析。此外，通过检验还发现Bartlett’s球形检验的χ^2统计值的显著性概率是0.000，小于1%，这也说明了该数据非常适宜做因子分析。

表5－38 企业绩效的子量表的KOM样本测度和Bartlett’s球形检验结果

KMO和Bartlett’s的检验		
取样足够度的Kaiser-Meyer-Olkin度量		0.732
Bartlett’s的球形度检验	近似卡方	801.574
	df	10
	Sig.	0.000

因子分析的结果显示有1个因子被识别出来。这个因子的特征值和所解释方差的比例等结果见表5－39，它解释了变量的72.873%的方差，对应的特征值为3.644。

表5－39 企业绩效探索性因子分析的结果

解释的总方差						
成分	初始特征值			提取平方和载入		
	合计	方差的%	累积%	合计	方差的%	累积%
1	3.644	72.873	72.873	3.644	72.873	72.873
2	0.519	10.377	83.249			
3	0.431	8.617	91.866			
4	0.303	6.069	97.935			
5	0.103	2.065	100.000			

提取方法：主成分分析

因子载荷矩阵见表5-40，技术创新绩效的5个题项在因子1上有较大的载荷值，因子载荷系数均大于0.5（最大值为0.900，最小值为0.812），因此可以将这些题项归为一组，称为企业绩效测量与评估。

表5-40　企业绩效测量题项的因子载荷

变　量	题　　项	因子1
企业绩效的测量与评估	与同行业平均水平比，企业的利润率较高	0.866
	与同行业平均水平比，企业的资产回报率较高	0.900
	与同行业平均水平比，企业的投资收益率较高	0.851
	与同行业平均水平比，企业的市场份额与竞争力较高	0.812
	您在本企业工作的满意程度较高	0.837

三　验证性因子分析

以上进行的是探索性因子分析。探索性因子分析的目的是建立量表或问卷的建构效度，而验证性因子分析则是要检验构建效度的适切性与真实性。在探索性因子分析的基础上，本书利用分析结构方程模型的软件AMOS17.0来对各潜变量进行验证性因子分析。

（一）企业背景环境管理能力维度的验证性因子分析

1. 模型界定

上文的探索性因子分析，将企业背景环境管理能力区分为6个因子，分别命名为企业经济环境管理能力（Ent-Eco）和企业法律环境管理能力（Ent-Law）、企业政治环境管理能力（Ent-Pol）、企业技术环境管理能力（Ent-Tec）、企业社会文化环境管理能力（Ent-Cul）和企业社会道德环境管理能力（Ent-Mor）。

由于企业背景环境管理能力是个多维度的潜变量，以16个观测变量测量企业背景环境管理能力的强度，同时不同的企业背景环境管理能力的维度（6个因子）之间可能存在相关。根据这些条件，模型界定情形说明如下：

（1）模型中有16个观测变量x(Ent-Eco1，…，Ent-Mor3)，6个潜变量ξ(Ent-Eco，…，Ent-Mor)。

（2）模型中有16个测量残差δ（δ_1，…，δ_{16}），其方差被自由估计。

（3）为了使6个潜在变量的度量单位（scale）得以确立，潜在变量的第一个因子负荷量被设定为1，共有6个因子负荷量被设定为1。之所以需要设定因子的度量单位，是因为观测变量所隐含的因子本身没有单位，不设定其单位无法计算。①

（4）单一的潜在变量只能影响单一的测量变量，因此产生16个测量变量的因子负荷参数λ(λ_1，…，λ_{16})。

（5）因子共变允许自由估计，产生15个相关系数参数。

（6）测量残差之间被视为独立而没有共变。

2. 模型的拟合

模型的拟合也就是模型参数的估计过程。本书利用AMOS17.0求得各参数的估计值。验证性因子分析的相关参数估计的标准值及其标准误差如图5-2所示。

企业背景环境管理能力的验证性因子分析的拟合指数$\chi^2/df=2.743$，SRMR = 0.050，RMSEA = 0.071，NFI = 0.952，NNFI = 0.978，CFI = 0.967，GFI = 0.989，所有指数检验值均满足评价标准，因此，可以认为模型的拟合度良好，这六个维度可以很好地表示企业背景环境管理能力。

① 侯杰泰、温忠麟、成子娟：《结构方程模型及其应用》，教育科学出版社2004年版，第28—29页。

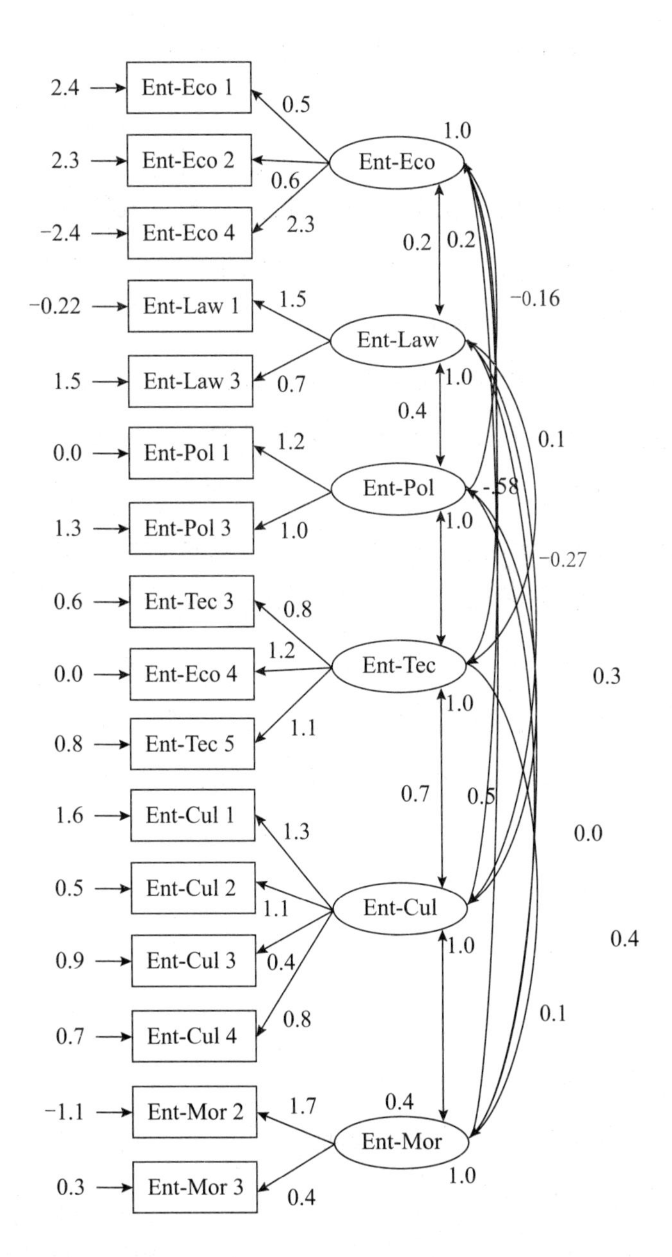

图 5－2 企业背景环境管理能力的验证性因子分析路径

（二）企业运营环境管理能力维度的验证性因子分析

1. 模型界定

探索性因子分析将企业运营环境管理能力区分为 5 个因子，分别命名为企业供应商环境管理能力（Ent-Sup）、企业竞争者环境管理能力（Ent-Com）、企业消费者环境管理能力（Ent-Con）、企业劳动力市场环境管理能力（Ent-Lab）和企业资源环境及资源市场管理能力（Ent-Res）。

由于企业运营环境管理能力是多维度的潜变量，以 12 个观测变量测量企业运营环境管理能力，同时不同的企业运营环境管理能力维度（5 个因子）之间可能存在相关联系。根据这些条件，模型界定情形说明如下：

（1）模型中有 12 个观测变量 x，5 个潜变量 ξ；

（2）模型中有 12 个测量残差 δ，其方差被自由估计；

（3）为了使 5 个潜在变量的度量单位（scale）得以确立，潜在变量的第一个因子负荷量被设定为 1，共有 5 个因子负荷被假定为 1；

（4）单一的潜在变量只能影响单一的测量变量，因此产生 12 个测量变量因子负荷参数 λ（λ_1，…，λ_{12}）；

（5）因子共变允许自由估计，产生 10 个相关系数参数；

（6）测量残差之间被视为独立而没有共变。

2. 模型的拟合

对企业运营环境管理能力进行验证性因子分析的相关参数估计的标准值及其标准误差如图 5－3 所示。

企业运营环境管理能力的验证性因子分析的拟合指数 $\chi^2/df=2.090$，SRMR = 0.077，RMSEA = 0.070，NFI = 0.965，NNFI = 0.981，CFI = 0.981，GFI = 0.956，所有指数检验值均满足评价标准，因此，可以认为模型的拟合度良好，这三个维度可以很好地表示企业运营环境管理能力。

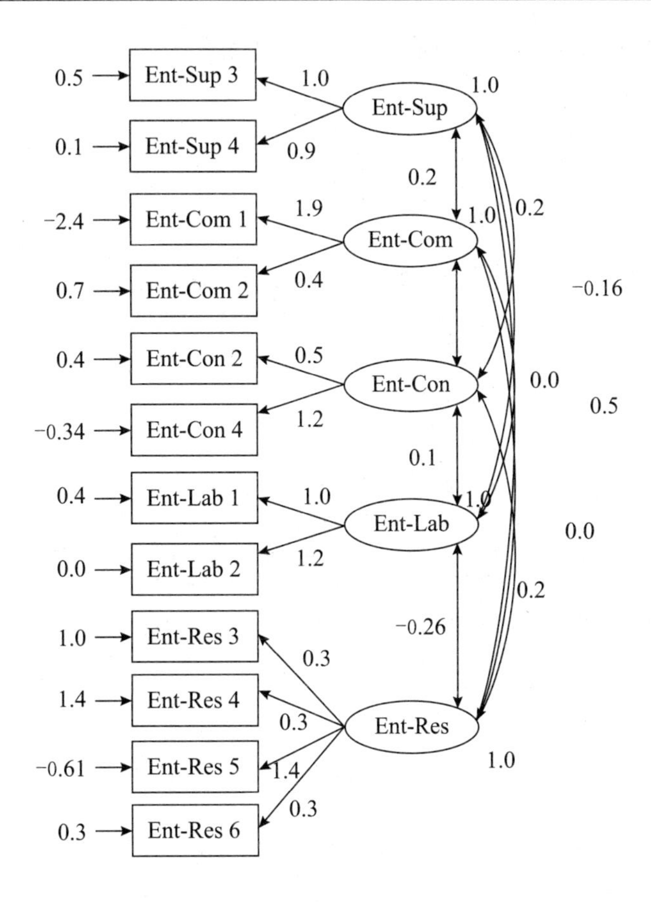

图 5－3　企业运营环境管理能力的验证性因子分析路径

（三）企业绩效的验证性因子分析

1. 模型界定

探索性因子分析将企业绩效区分为 1 个因子，命名为企业绩效（Ent-Per）模型界定情形说明如下：

（1）模型中有 5 个观测变量 x，1 个潜变量 ξ；

（2）模型中有 5 个测量残差 δ，其方差被自由估计；

（3）为了使潜在变量的度量单位（scale）得以确立，潜在变量的第一个因子负荷量被设定为 1；

（4）单一的潜在变量只能影响单一的测量变量，因此产生 5 个测量变量因子负荷参数 λ（λ_1，…，λ_5）；

（5）测量残差之间被视为独立而没有共变。

2. 模型的拟合

对企业绩效深度进行验证性因子分析的相关参数估计的标准值及其标准误差如图 5－4 所示。

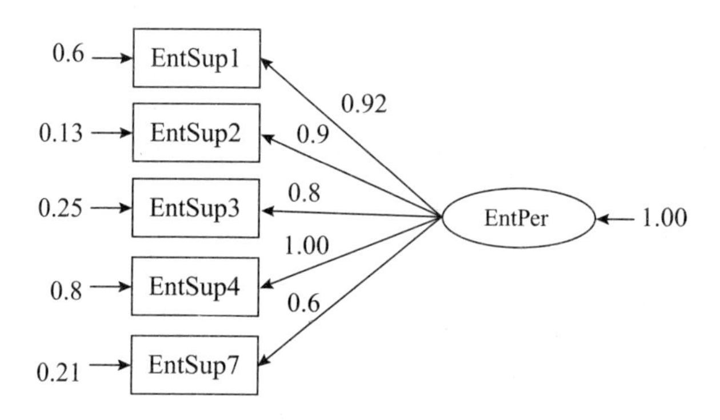

图 5－4　企业绩效的验证性因子分析路径

企业绩效的验证性因子分析的拟合指数 $\chi^2/df = 1.295$，SRMR =0. 015，NFI =0. 997，NNFI = 0. 999，CFI = 0. 995，GFI = 0. 995，关键拟合指标均满足评价标准，因此，可以认为模型的拟合度良好，这六个指标可以很好地表示企业绩效。

第五节　本章小结

本章为实证分析，对第四章提出的研究假设进行检验。首先从问卷的设计、数据的收集等方面介绍了本书所采用的实证研究方法。其次对收集的样本进行描述性统计和信度与效度的检验。

从描述性统计可以看出本书的样本主要集中在湖北、江西、湖南等地，从调研企业的性质来看，可以知道所调研企业大部分都是国有企业和小型民营企业，它们在整个样本中所占比重较大，当然这也直接导致了有些实证检验的结论偏向于这类企业。

从信度和效度分析的结果来看，可以看出在剔除个别指标后其Cronbach's Alpha值会增大。说明这些被剔除的指标不能很好地说明问题，说明问题的能力不显著。究其原因可能是有些国有企业和一般的小型民营企业的特点所导致的。

在下一章中本书主要对结构方程模型通过运用AMOS软件进行实证检验，并逐一对理论假设进行实证的检验。

第六章　实证结果分析与讨论

第一节　结构方程模型分析

本书运用结构方程建模来分析企业环境管理能力和企业绩效的相互作用关系，对前文提出的假设进行检验。

为了分析企业环境管理能力对企业绩效的影响，即检验假设是否成立，本书以企业绩效为内生潜变量，企业环境管理能力为外生潜变量，用结构方程模型来分析企业环境管理能力对企业绩效的影响。

一　模型界定

（一）指标的选择与变量的说明

要验证的假设是企业环境管理能力对企业绩效的影响。因此，企业环境的管理能力为整个结构方程模型的外生变量，企业绩效为整个结构方程模型的内生变量。但是影响企业环境管理能力的主要因素还可能有企业年龄、企业规模、企业性质。所以本书把企业规模、企业年龄以及企业性质都纳入整个结构方程模型中来作为企业环境管理能力的相关控制变量。前面的探索性因子分析和验证性因子分析，都说明了企业环境管理能力包含2个维度，企业绩效包含了1个维度。因此，本书的外生潜变量为2个，分别为企业背景环境管理能力（Env-Bac）、企业运营环境管理能力（Env-Ope）；内生潜变量也为1个：企业绩效（Ent-Per）。整个方程中企业环境管理能力的控制变量设定为2个，分别为企业年龄（Year）和企业规模（Scale）。由此，建立了本研究的理论检验模型（图6-1）。

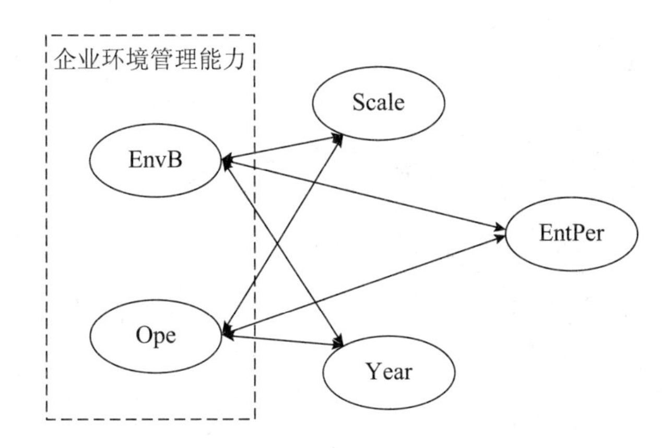

图6-1　企业环境管理能力与企业绩效关系检验的理论模型

（二）构建路径图

根据相关假设及前面对模型的分析，可以构建出企业环境管理能力对企业绩效影响关系的路径图，如图6-2所示。整个结构方程模型的相关参数设计如下：

（1）整个结构方程模型中有30个外生测量变量，记为x（Env-Eco1，…，Year），5个内生测量变量，记为y（Ent-Per1，…，Ent-Per7）。

（2）整个结构方程模型中有2个外生潜变量，记为ξ（Env-Bac，Env-Ope），1个内生潜变量，记为η（Ent-Per）。

（3）整个结构方程模型中有30个外生测量残差，记为δ（δ_1，…，δ_{30}），方程有5个内生测量残差，记为ε（ε_1，…，ε_5），1个解释残差，

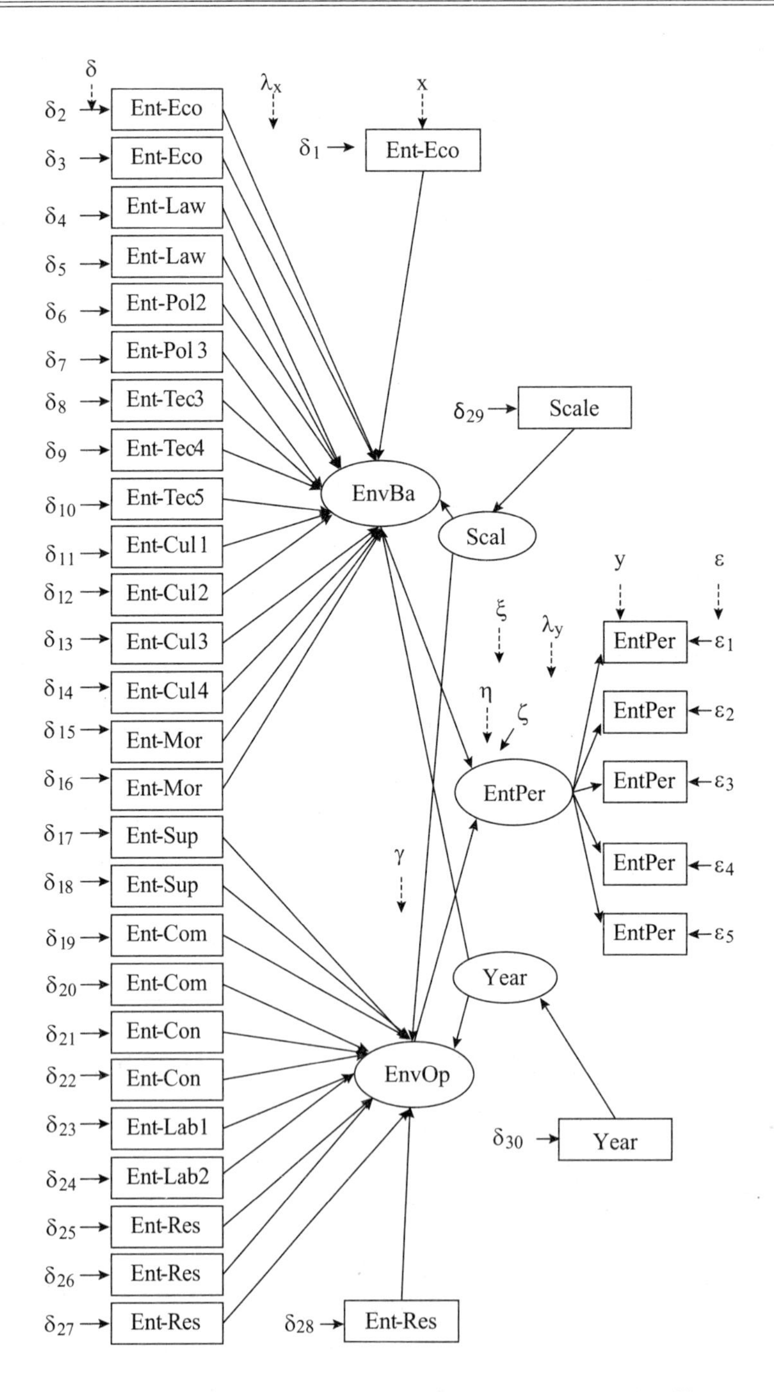

图 6－2　企业环境管理能力对企业绩效影响的初始结构方程模型

记为 ζ，其方差可以被自由估计。为了保证整个模型验证的过程能够成立，因此在模型中设置了残差变量。

（4）整个方程中外生的潜在变量被外生的潜在变量所解释，产生 2 个结构参数，记为 γ（γ_1，γ_2）。外生潜变量对内生潜变量的回归系数也即为结构参数。

（5）整个模型中采用单维假设，即每个测量变量均仅受单一潜在变量影响，因此即产生 30 个外生测量变量因子负荷参数，记为 λ_x 与 5 个内生测量变量因子负荷参数，记为 λ_y。

（6）整个模型中为了使潜在变量的度量单位（Scale）得以确立，因此，模型中潜在变量的第一个因子负荷量被设定为 1，整个模型中共有 2 个因子负荷量被设定为 1。

二 模型拟合与修正结果

模型的拟合也就是模型参数的估计过程。本书利用 AMOS17.0 软件求得各参数的估计值。

在 AMOS 软件中，最常用的估计方法是极大似然法（Maximum Likelihood，ML），因为极大似然法（Maximum Likelihood，ML）较其他方法更为稳定和精确。利用极大似然法（Maximum Likelihood，ML）对结构方程模型进行估计时，需要满足所有数据都为多元正态分布的要求。一般认为收集的样本数据必须满足中位数与中值相近，样本数据的峰度（Kurtosis）的绝对值小于 5，斜度（Skewness）的绝对值小于 2 的原则，这样可以认为样本数据满足正态分布的要求，可以用极大似然法（Maximum Likelihood，ML）[①]，除非变量峰度的绝对值超过 25 时，才会影响极大似然法（Maximum Likelihood，ML）的估计。从本书采样数据的斜度和峰度分布

① 侯杰泰、温中麟、成子娟：《结构方程模型及其应用》，教育科学出版社 2004 年版，第 129 页。

情况来看（见附录2），所有参数的峰度的绝对值皆小于5，斜度的绝对值都小于2。因此，本书可以判定，研究中所用的数据可以使用极大似然法估计处理，所有数据都服从正态分布。

AMOS17.0软件不仅给出了模型的检验结果，同时还给出了修正指数（Modification Index，MI）。MI修正指数（Modification Index，MI）是表示模型中某个受限制的参数（通常是固定为0的参数）。若允许自由估计，模型会因此而改良，整个模型的卡方值会减少。从模型的修正指数（Modification Index，MI）值来看，发现有个别指数间的修正指数（Modification Index，MI）值还是比较高，拟合指数也不是非常好，说明模型有进一步修正的空间。拟合指数是比较再生协方差矩阵与样本协方差矩阵之间差异的指标，检验模型是否与数据拟合，反映了测量和结构部分的总拟合程度。模型内每个参数是否都达到显著水平，也是检测模型内在质量的一项重要指标。由拟合指数来看，有些指数没有达到评价标准。本书将在考虑到理论的合理性，修正指数及简效原则的基础上，适度地根据理论修饰初始模型，并逐一检视修饰过的研究假设是否成立。经过多模型的多次的模型修正后，我们发现模型的拟合指数还是比较好，但也发现有个别拟合指标不是非常的好，按照Bagozzi和Yi的看法①，当整个结构方程模型路径较多相对复杂时，在其他大多数指数已经达到或满足标准的情况下，个别或极少数拟合指数与标准的指标稍微有所差距是可以被接受的。因此，可以认为整个模型的拟合指标达到了研究所需的要求。

AMOS17.0对企业环境管理能力与企业绩效影响的模型路径分析的相关参数标准化估计值及其标准误详见图6-3。企业环境管理对企业绩

---

① Bagozzi R. P. & Yi Y., On the evaluation of structural equation models, *Journal of the Academy of Marketing Science*, Vol. 16, No. 1, 1988, pp. 74—94.

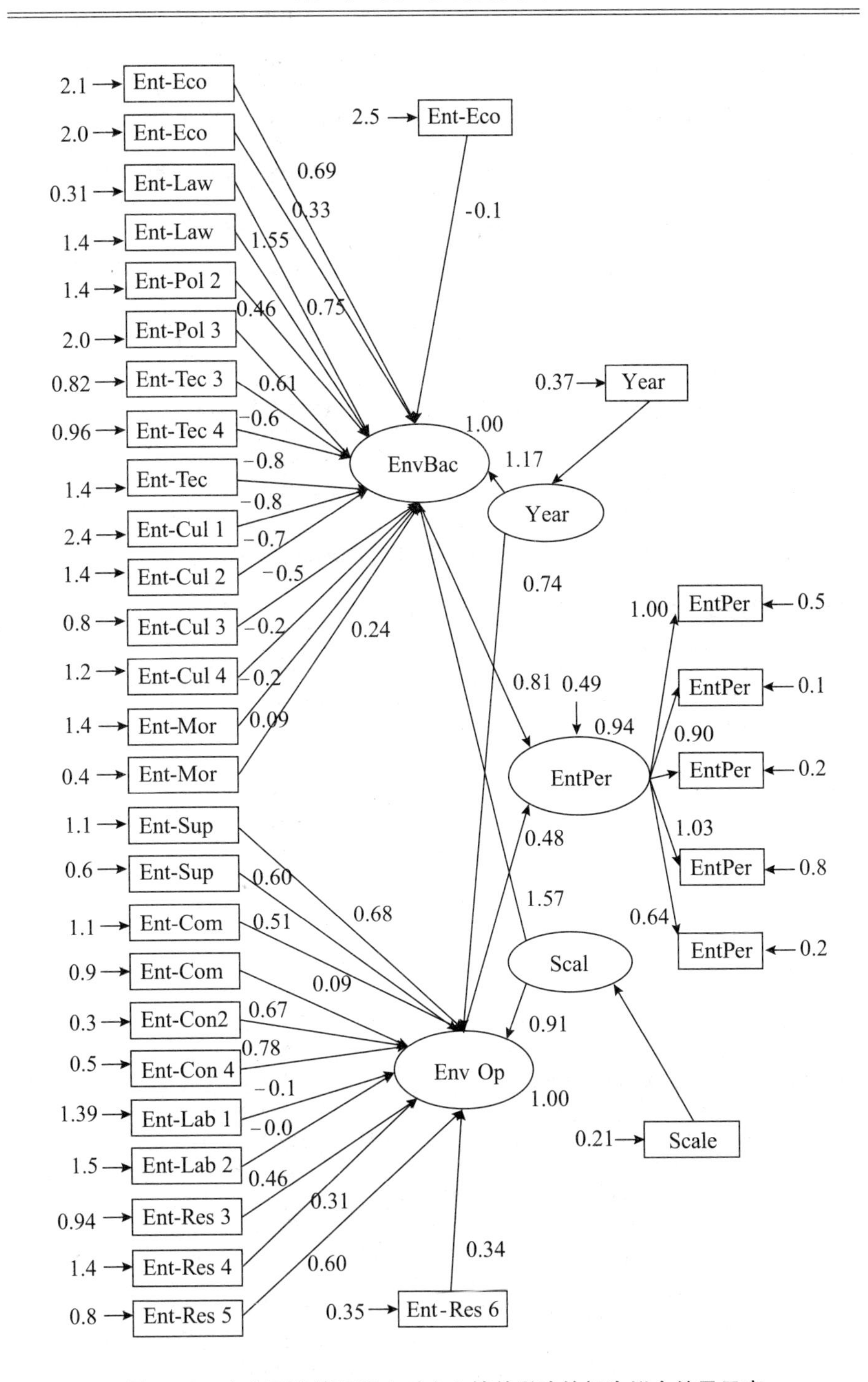

图6－3　企业环境管理能力对企业绩效影响的初次拟合结果示意

效影响的模型路径分析的拟合指数 $\chi^2/df = 1.670$、RMSEA = 0.068，NFI = 0.857，NNFI = 0.923，CFI = 0.932，GFI = 0.840，从结果可以看出，所有指数检验值均满足评价标准。因此，本书认为整个模型的拟合度良好，模型可以很好地表示企业环境管理能力对企业绩效关系的影响。

第二节　数据结果对研究假设的验证

拟合后的结构方程模型的结构参数估计结果见表 6－1。从中可以看出哪些假设通过了检验，哪些假设没有通过检验。

表 6－1　企业环境管理能力对企业绩效影响中潜变量的参数估计

路　径			Estimate	S. E.	C. R.	P	Label
Ent-per	<---	Env－bac	0.811	0.091	8.899	***	par_33
Ent-per	<---	Env－ope	0.484	0.083	5.860	***	par_34
EntPer1	<---	Ent－per	1.000				
EntPer2	<---	Ent－per	0.939	0.063	14.860	***	par_1
EntPer3	<---	Ent－per	0.900	0.066	13.731	***	par_2
EntPer4	<---	Ent－per	1.028	0.090	11.465	***	par_3
EntPer7	<---	Ent－per	0.639	0.051	12.504	***	par_4
EntEco1	<---	Env－bac	－0.186	0.113	－1.649	0.099	par_5
EntEco2	<---	Env－bac	0.687	0.108	6.355	***	par_6
EntEco4	<---	Env－bac	0.330	0.102	3.229	**	par_7
EntLaw1	<---	Env－bac	1.546	0.084	18.413	***	par_8

续 表

路 径			Estimate	S. E.	C. R.	P	Label
EntLaw2	<---	Env - bac	0. 753	0. 092	8. 182	***	par_9
EntPol2	<---	Env - bac	0. 461	0. 089	5. 177	***	par_10
EntPol3	<---	Env - bac	0. 608	0. 104	5. 838	***	par_11
EntTec3	<---	Env - bac	-0. 605	0. 070	-8. 651	***	par_12
EntTec4	<---	Env - bac	-0. 857	0. 081	-10. 625	***	par_13
EntTec5	<---	Env - bac	-0. 796	0. 093	-8. 551	***	par_14
EntCul2	<---	Env - bac	-0. 554	0. 090	-6. 170	***	par_15
EntCul3	<---	Env - bac	-0. 282	0. 065	-4. 313	***	par_16
EntCul4	<---	Env - bac	-0. 279	0. 078	-3. 554	***	par_17
EntMor2	<---	Env - bac	0. 094	0. 085	1. 103	0. 270	par_18
EntMor3	<---	Env - bac	0. 241	0. 047	5. 082	***	par_19
EntCul1	<---	Env - bac	-0. 787	0. 117	-6. 731	***	par_20
EntSup3	<---	Env - ope	0. 684	0. 089	7. 698	***	par_21
EntSup4	<---	Env - ope	0. 597	0. 069	8. 709	***	par_22
EntCom1	<---	Env - ope	0. 511	0. 085	6. 048	***	par_23
EntCom2	<---	Env - ope	0. 090	0. 073	1. 233	0. 218	par_24
EntCon2	<---	Env - ope	0. 670	0. 057	11. 693	***	par_25
EntCon4	<---	Env - ope	0. 785	0. 069	11. 337	***	par_26
EntLab1	<---	Env - ope	-0. 171	0. 088	-1. 929	0. 054	par_27
EntLab2	<---	Env - ope	-0. 061	0. 093	-0. 660	0. 509	par_28
EntRes3	<---	Env - ope	0. 461	0. 077	5. 961	***	par_29
EntRes4	<---	Env - ope	0. 312	0. 096	3. 242	**	par_30

续　表

路　　径			Estimate	S. E.	C. R.	P	Label
EntRes5	<---	Env - ope	0. 804	0. 083	9. 672	***	par_31
EntRes6	<---	Env - ope	0. 342	0. 047	7. 278	***	par_32
scale	<---	Env - ope	0. 914	0. 088	10. 433	***	par_35
year	<---	Env - bac	1. 169	0. 086	13. 649	***	par_36
scale	<---	Env - bac	1. 572	0. 100	15. 672	***	par_37
year	<---	Env - ope	0. 742	0. 079	9. 418	***	par_38

注：** 表示显著性水平为 0. 01；*** 表示显著性水平为 0. 001。

AMOS 参数的显著性检验是以 P 检验来进行的，P 的值越小表示显著性强度越强，当 P 值 <0. 05 表示在 0. 05 的水平上显著；P 绝对值 <0. 01 表示在 0. 01 的水平上显著；P <0. 001 表示在 0. 001 的水平上显著。[①] 从表 6 -1 可以看出 39 个回归系数中，除 5 个指标和参照指标外，其余 C. R. 绝对值均大于 1. 96。

表 6 -1 中，通过结构方程模型，可以发现：

（1）企业对背景环境管理能力（转化能力）与企业绩效关系的路径系数的标准化估计值为 0. 091，非标准化估计值为 0. 811，P 值为 0. 001，结果表明参数估计在 0. 001 的显著性水平下显著，即本书所提出的假设 H1 在显著性水平为 0. 001 下获得通过了实证检验。说明企业对背景环境管理能力（转化能力）与企业绩效有显著的正向影响，企业通过对背景环境的管理提高不可控背景环境的转化数量进而对企业绩效能产生积极的影响。故假设 H1 成立。

（2）企业对运营环境的管理能力（转化能力）与企业绩效关系的路径

① 邱皓政、林碧芳：《结构方程模型的原理与应用》，中国轻工业出版社 2009 年版，第 238 页。

系数的标准化估计值为 0.083，非标准化估计值为 0.484，P 值为 0.001，结果表明参数估计在 0.001 的显著性水平下显著，即本书所提出的假设 H1 在显著性水平为 0.001 下获得通过了实证检验。说明企业对运营环境的管理能力（转化能力）与企业绩效有显著的正向影响，企业通过对运营环境的管理提高不可控运营环境的转化数量进而对企业绩效能产生积极的影响。故假设 H2 成立。

第三节　相关研究子假设的验证

以上通过对企业环境管理能力的两个基本假设进行了检验后发现，企业对背景环境的管理能力（转化能力）与企业绩效有显著的正向相关影响，而企业对运营环境的管理能力（转化能力）也通过了检验，表明对企业绩效也存在显著的相关性。为了验证企业背景环境与企业运营环境中各相关子假设和企业绩效间的相关性，本书将继续构建模型对各相关子假设进行假设检验。

一　企业对背景环境管理能力的相关子假设检验

（一）构建路径图

根据假设及前面的分析，可以构建出企业背景环境管理能力对企业绩效影响的路径图，如图 6-4 所示。

整个结构方程模型的设定条件如下：

（1）整个结构方程模型中有 16 个外生测量变量，记为 x(Env-Eco1，…，Env-Mor3)，5 个内生测量变量，记为 y(Ent-Per1，…，Ent-Per7)。

（2）整个结构方程模型中有 6 个外生潜变量，记为 ξ(Env-Eco，…，

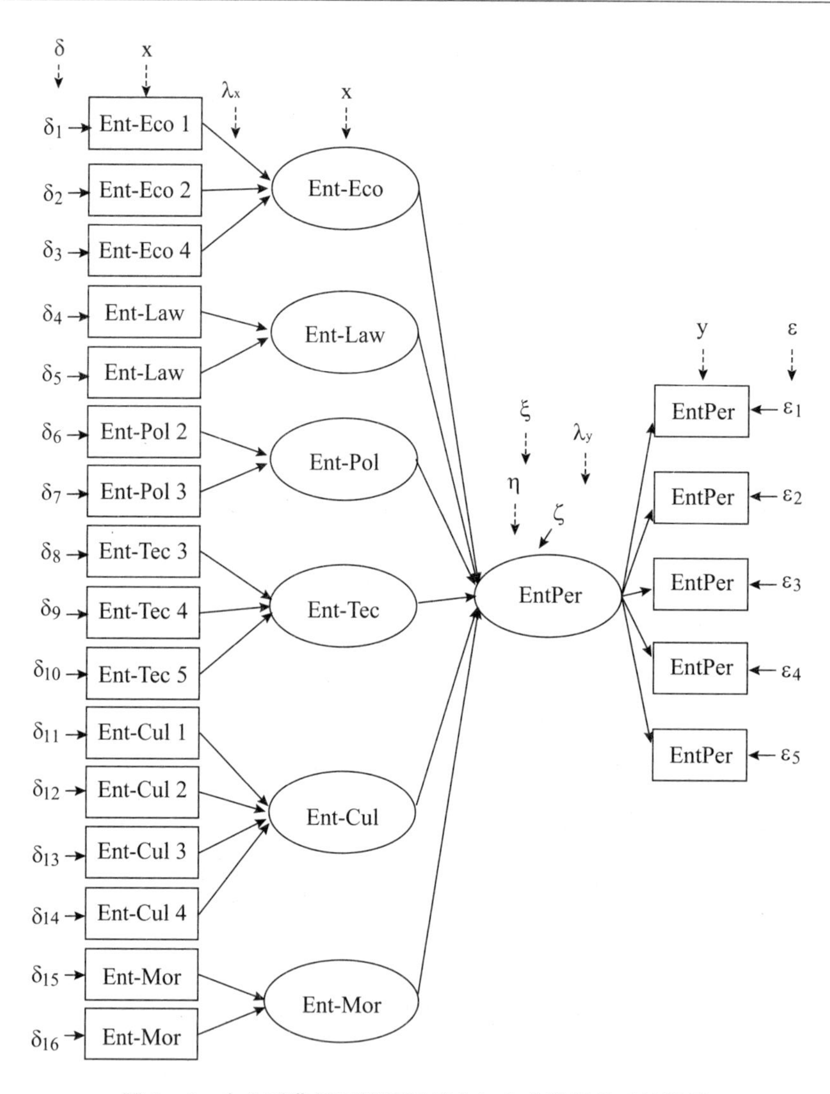

图 6－4 企业对背景环境管理能力与企业绩效关系的模型

Env-Mor)，1 个内生潜变量，记为 η(Ent-Per)。

（3）整个结构方程模型中有 16 个外生测量残差，记为 $\delta(\delta_1, \cdots, \delta_{16})$，方程有 5 个内生测量残差，记为 $\varepsilon(\varepsilon_1, \cdots, \varepsilon_5)$，1 个解释残差，记为 ζ，其方差可以被自由估计。为了保证整个模型验证的过程能够成立，因此在模型中设置了残差变量。这是因为通过问卷得出的结论指标很难避免地存在一定量的误差，是模型与指标之间的完美匹配几乎不可能，所以为了让整个模型路径能够得到验证，这里就必须引入残差变量。

（4）整个方程中外生的潜在变量被外生的潜在变量所解释，产生6个结构参数，记为 $\gamma(\gamma_1,\ \cdots,\ \gamma_6)$。外生潜变量对内生潜变量的回归系数也即为结构参数。

（5）整个模型中采用单维假设，即每个测量变量均仅受单一潜在变量影响，因此即产生16个外生测量变量因子负荷参数，记为 λ_x 与5个内生测量变量因子负荷参数，记为 λ_y。

（6）整个模型中为了使潜在变量的度量单位（Scale）得以确立，因此，模型中潜在变量的第一个因子负荷量被设定为1，整个模型中共有6个因子负荷量被设定为1。

（二）假设检验

本书用AMOS17.0软件对企业背景环境管理能力与企业绩效影响的模型路径进行分析。所有方程中的指数检验值都满足评价指标的标准，因此，可以认为该结构方程模型的拟合度程度良好，模型可以很好地表示企业背景环境管理能力对企业绩效关系的影响。拟合后的结构方程模型的结构参数估计结果见表6-2。从中可以看出哪些假设通过了检验，哪些假设没有通过检验。

表6-2　企业背景环境管理能力对企业绩效影响中潜变量的参数估计

路　径			Estimate	S. E.	C. R.	P	Label
EntPer	<---	Ent-Eco	0.483	0.089	5.399	***	par_21
EntPer	<---	Ent-Law	-0.112	0.064	-1.751	0.080	par_22
EntPer	<---	Ent-Pol	-0.032	0.012	-2.731	**	par_23
EntPer	<---	Ent-Tec	-0.524	0.078	-6.701	***	par_24
EntPer	<---	Ent-Cul	0.230	0.077	2.974	**	par_25

续 表

路 径			Estimate	S. E.	C. R.	P	Label
EntPer	< ---	Ent - Mor	0. 327	0. 064	5. 132	***	par_26
EntEco1	< ---	Ent - Eco	0. 531	0. 135	3. 925	***	par_1
EntEco2	< ---	Ent - Eco	2. 542	0. 330	7. 696	***	par_2
EntEco4	< ---	Ent - Eco	0. 413	0. 094	4. 381	***	par_3
EntLaw1	< ---	Ent - Law	1. 823	0. 460	3. 966	***	par_4
EntLaw2	< ---	Ent - Law	0. 743	0. 206	3. 611	***	par_5
EntPol2	< ---	Ent - Pol	0. 303	0. 061	5. 004	***	par_6
EntPol3	< ---	Ent - Pol	5. 167	0. 881	5. 863	***	par_7
EntTec3	< ---	Ent - Tec	0. 771	0. 067	11. 445	***	par_8
EntTec4	< ---	Ent - Tec	1. 151	0. 076	15. 166	***	par_9
EntTec5	< ---	Ent - Tec	1. 192	0. 088	13. 618	***	par_10
EntCul1	< ---	Ent - Cul	1. 364	0. 118	11. 568	***	par_11
EntCul2	< ---	Ent - Cul	0. 848	0. 095	8. 918	***	par_12
EntCul3	< ---	Ent - Cul	0. 684	0. 065	10. 535	***	par_13
EntCul4	< ---	Ent - Cul	0. 693	0. 079	8. 769	***	par_14
EntMor2	< ---	Ent - Mor	1. 075	0. 112	9. 601	***	par_15
EntMor3	< ---	Ent - Mor	0. 519	0. 060	8. 653	***	par_16
EntPer1	< ---	EntPer	1. 000				
EntPer2	< ---	EntPer	0. 763	0. 060	12. 767	***	par_17
EntPer3	< ---	EntPer	0. 763	0. 060	12. 646	***	par_18
EntPer4	< ---	EntPer	1. 172	0. 083	14. 071	***	par_19
EntPer7	< ---	EntPer	0. 606	0. 047	12. 953	***	par_20

注：** 表示显著性水平为 0. 01； *** 表示显著性水平为 0. 001。

AMOS 参数的显著性检验是以 P 检验来进行的，P 的值越小表示显著性强度越强，当 P 值 <0.05 表示在 0.05 的水平上显著；P 绝对值 <0.01 表示在 0.01 的水平上显著；$P<0.001$ 表示在 0.001 的水平上显著。[①] 从表 6－2 可以看出 27 个回归系数中，除 1 个指标和参照指标外，其余 C. R. 绝对值均大于 1.96。

表 6－2 中，通过结构方程模型，可以发现：

（1）企业对经济环境的管理能力与企业绩效关系的路径系数的标准化估计值为 0.089，非标准化估计值为 0.483，P 值为 0.001，结果表明参数估计在 0.001 的显著性水平下显著，即本书所提出的假设 H11 的显著性水平为 0.001，并获得通过了实证检验。说明企业对经济环境的管理能力（转化能力）与企业绩效有显著的正向影响，企业通过对经济环境的管理提高不可控经济环境的转化数量进而对企业绩效能产生积极的影响。故假设 H11 成立。

（2）企业对政治环境的管理能力（转化能力）与企业绩效关系的路径系数的标准化估计值为 0.012，非标准化估计值为 －0.032，P 值为 0.01，结果表明参数估计在 0.01 的显著性水平下显著，即本书所提出的假设 H12 的显著性水平为 0.01，并获得通过了实证检验。说明企业对政治环境的管理能力（转化能力）与企业绩效有显著的正向影响，企业通过对政治环境的管理提高不可控政治环境的转化数量进而对企业绩效能产生积极的影响。故假设 H12 成立。

（3）企业对法律环境的管理能力（转化能力）与企业绩效，路径系数的标准化估计值为 0.64，非标准化估计值为 －0.112，P 大于 0.05，表明该估计参数即使在 0.05 的显著性水平下也不显著，企业对法律环境的管理能力（转化能力）与企业绩效的路径关系不明显。不能说明企业对法律

① 邱皓政、林碧芳：《结构方程模型的原理与应用》，中国轻工业出版社 2009 年版，第 238 页。

环境的管理能力（转化能力）与企业绩效有显著的正向影响。假设 H13 不能获得实证意义上的支持。企业对法律环境的管理能力（转化能力）与企业绩效的影响不显著的原因可能是样本中中小型企业比较多，由于中小型企业自身能力的特点，无法通过自身手段对现有的法律环境进行控制性的管理，只能是被动地适应国家制定的相关法律，当然这样和国家制定相关法律用于约束企业的行为的本质内涵相吻合。因而企业对法律环境的管理能力（转化能力）与企业绩效的影响不显著。

（4）企业对技术环境的管理能力（转化能力）与企业绩效关系的路径系数的标准化估计值为 0.078，非标准化估计值为 0.524，P 值为 0.001，结果表明参数估计在 0.001 的显著性水平下显著，即本书所提出的假设 H14 的显著性水平为 0.001，并获得通过了实证检验。说明企业对技术环境的管理能力（转化能力）与企业绩效有显著的正向影响，企业通过对技术环境的管理提高不可控技术环境的转化数量进而对企业绩效能产生积极的影响。故假设 H14 成立。

（5）企业对社会文化环境的管理能力（转化能力）与企业绩效关系的路径系数的标准化估计值为 0.077，非标准化估计值为 0.230，P 值为 0.01，结果表明参数估计在 0.01 的显著性水平下显著，即本书所提出的假设 H15 的显著性水平为 0.01，并获得通过了实证检验。说明企业对社会文化环境的管理能力（转化能力）与企业绩效有显著的正向影响，企业通过对社会文化环境的管理提高不可控社会文化环境的转化数量进而对企业绩效能产生积极的影响。故假设 H15 成立。

（6）企业对社会道德环境的管理能力（转化能力）与企业绩效关系的路径系数的标准化估计值为 0.064，非标准化估计值为 0.327，P 值为 0.001，结果表明参数估计在 0.001 的显著性水平下显著，即本书所提出的假设 H16 的显著性水平为 0.001，并获得通过了实证检验。说明企业对社会道德环境的管理能力（转化能力）与企业绩效有显著的正向影响，企业通过对社会道德环境的管理提高不可控社会道德环境的转化数量进而对企业绩效能产生积极的影响。假设 H16 成立。

二　企业对运营环境管理能力的相关子假设检验

（一）构建路径图

根据假设及前面的分析，可以构建出企业运营环境管理能力对企业绩效影响的路径图，如图 6 -5 所示。

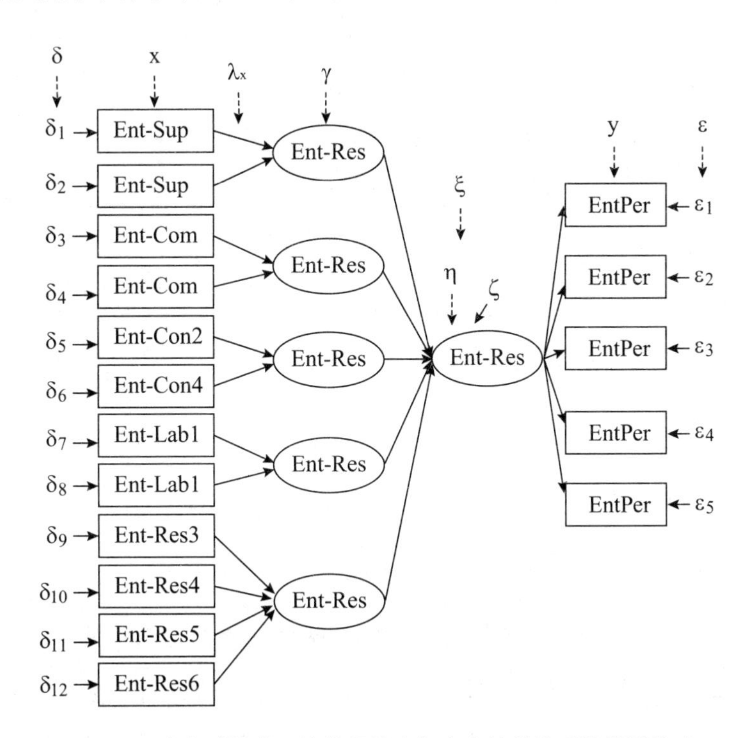

图 6 -5　企业对运营环境管理能力与企业绩效关系的模型构建

整个结构方程模型的相关参数设计如下：

（1）整个结构方程模型中有 12 个外生测量变量，记为 x(Env-Sup3，…，Env-Res6)，5 个内生测量变量，记为 y(Ent-Per1，…，Ent-Per7)。

（2）整个结构方程模型中有 5 个外生潜变量，记为 ξ(Env-Sup，…，

Env-Res)，1 个内生潜变量，记为 η(Ent-Per)。

（3）整个结构方程模型中有 12 个外生测量残差，记为 δ(δ_1，…，δ_{12})，方程有 5 个内生测量残差，记为 ε(ε_1，…，ε_5)，1 个解释残差，记为 ζ，其方差可以被自由估计。为了保证整个模型验证的过程能够成立，因此在模型中设置了残差变量。这是因为通过问卷得出的结论指标很难避免地存在一定量的误差，使模型与指标之间的完美匹配几乎不可能，所以为了让整个模型路径能够得到验证，这里就必须引入残差变量。

（4）整个方程中外生的潜在变量被外生的潜在变量所解释，产生 5 个结构参数，记为 γ(γ_1，…，γ_5)。外生潜变量对内生潜变量的回归系数也即为结构参数。

（5）整个模型中采用单维假设，即每个测量变量均仅受单一潜在变量影响，因此即产生 12 个外生测量变量因子负荷参数，记为 λ_x 与 5 个内生测量变量因子负荷参数，记为 λ_y。

（6）整个模型中为了使潜在变量的度量单位（scale）得以确立，因此，模型中潜在变量的第一个因子负荷量被设定为 1，整个模型中共有 5 个因子负荷量被设定为 1。

（二）假设检验

本书用 AMOS17.0 软件对企业运营环境管理能力与企业绩效影响的模型路径进行分析。所有结构模型方程中的指数检验值均满足评价指标的标准，因此，可以认为模型的拟合程度良好，模型可以很好地表示企业运营环境管理能力对企业绩效关系影响。拟合后的结构方程模型的结构参数估计结果见表 6－3。从中可以看出哪些假设通过了检验，哪些假设没有通过检验。

表6-3　企业背景环境管理能力对企业绩效影响中潜变量的参数估计

路　径			Estimate	S. E.	C. R.	P	Label
EntPer	<---	Ent-Sup	-0.405	0.069	-5.861	***	par_17
EntPer	<---	Ent-Com	0.115	0.019	6.084	***	par_18
EntPer	<---	Ent-Con	-0.025	0.011	-2.168	*	par_19
EntPer	<---	Ent-Lab	0.420	0.050	8.446	***	par_20
EntPer	<---	Ent-Res	0.786	0.070	11.181	***	par_21
EntSup3	<---	Ent-Sup	0.731	0.097	7.510	***	par_1
EntSup4	<---	Ent-Sup	1.300	0.107	12.145	***	par_2
EntCom1	<---	Ent-Com	0.254	0.031	8.086	***	par_3
EntCom2	<---	Ent-Com	3.623	0.247	14.648	***	par_4
EntCon2	<---	Ent-Con	0.217	0.038	5.721	***	par_5
EntCon4	<---	Ent-Con	3.332	0.461	7.221	***	par_6
EntLab1	<---	Ent-Lab	1.016	0.078	13.046	***	par_7
EntLab2	<---	Ent-Lab	1.155	0.080	14.381	***	par_8
EntRes3	<---	Ent-Res	0.713	0.073	9.817	***	par_9
EntRes4	<---	Ent-Res	0.827	0.087	9.484	***	par_10
EntRes5	<---	Ent-Res	0.931	0.082	11.407	***	par_11
EntRes6	<---	Ent-Res	0.308	0.052	5.938	***	par_12
EntPer1	<---	EntPer	1.000				
EntPer2	<---	EntPer	0.865	0.063	13.689	***	par_13
EntPer3	<---	EntPer	0.914	0.069	13.218	***	par_14
EntPer4	<---	EntPer	1.097	0.087	12.651	***	par_15
EntPer7	<---	EntPer	0.590	0.051	11.662	***	par_16

注：*表示显著性水平为0.05；** 表示显著性水平为0.01；*** 表示显著性水平为0.001。

AMOS 参数的显著性检验是以 P 检验来进行的，P 的值越小表示显著性强度越强，当 P 值 <0.05 表示在 0.05 的水平上显著；P 绝对值 <0.01 表示在 0.01 的水平上显著；P <0.001 表示在 0.001 的水平上显著（邱皓政、林碧芳，2009）①。从表 6－3 可以看出 22 个回归系数中，其 C. R. 绝对值均大于 1.96。

表 6－3 中，通过结构方程模型，可以发现：

（1）企业对供应商环境的管理能力（转化能力）与企业绩效关系的路径系数的标准化估计值为 0.069，非标准化估计值为－0.405，P 值为 0.001，结果表明参数估计在 0.001 的显著性水平下显著，即本书所提出的假设 H21 的显著性水平为 0.001，并获得通过了实证检验。说明企业对供应商环境的管理能力（转化能力）与企业绩效有显著的影响。企业通过对供应商环境的管理提高不可控供应商环境的转化数量进而对企业绩效能产生积极的影响。假设 H21 成立。

（2）企业对竞争者环境的管理能力（转化能力）与企业绩效关系的路径系数的标准化估计值为 0.019，非标准化估计值为 0.115，P 值为 0.001，结果表明参数估计在 0.001 的显著性水平下显著，即本书所提出的假设 H22 的显著性水平为 0.001，并获得通过了实证检验。说明企业对竞争者环境的管理能力（转化能力）与企业绩效有显著的影响。企业通过对竞争者环境的管理提高不可控竞争者环境的转化数量进而对企业绩效能产生积极的影响。假设 H22 成立。

（3）企业对消费者环境的管理能力（转化能力）与企业绩效关系的路径系数的标准化估计值为 0.011，非标准化估计值为－0.025，P 值小于 0.05，结果表明参数估计在 0.05 的显著性水平下显著，即本书所提出的假设 H23 的显著性水平为 0.05，并获得通过了实证检验。

① 邱皓政、林碧芳：《结构方程模型的原理与应用》，中国轻工业出版社 2009 年版，第 238 页。

说明企业对消费者环境的管理能力（转化能力）与企业绩效有一定的影响。企业通过对消费者环境的管理提高不可控消费者环境的转化数量进而对企业绩效能产生积极的影响。假设 H23 成立。

（4）企业对劳动力市场的管理能力（转化能力）与企业绩效关系的路径系数的标准化估计值为 0.050，非标准化估计值为 0.420，P 值小于 0.001，结果表明参数估计在 0.001 的显著性水平下显著，即本书所提出的假设 H24 的显著性水平为 0.001，并获得通过了实证检验。说明企业对劳动力市场的管理能力（转化能力）与企业绩效有显著的正向影响。企业通过对劳动力市场环境的管理提高不可控劳动力环境的转化数量进而对企业绩效能产生积极的影响。假设 H24 成立。

（5）企业对自身资源环境及资源市场的管理能力（转化能力）与企业绩效关系的路径系数的标准化估计值为 0.070，非标准化估计值为 0.786，P 值小于 0.001，结果表明参数估计在 0.001 的显著性水平下显著，即本书所提出的假设 H25 的显著性水平为 0.001，并获得通过了实证检验。说明企业对自身资源环境及资源市场的管理能力（转化能力）与企业绩效有显著的正向影响。企业通过对自身资源环境及资源市场的管理提高不可控自身资源环境及资源市场的转化数量进而对企业绩效能产生积极的影响。假设 H25 成立。

综合以上对于企业环境管理能力、企业背景环境管理能力及企业运营环境管理能力对企业绩效影响的数据分析的结果可以归纳出数据分析所产生的研究假设的检验结果，见表 6－4。

表 6 -4 数据分析对研究假设的检验结果

假设编号	假 设 内 容	是否支持假设
H1	企业对背景环境管理能力(转化能力)与企业绩效呈正向影响	支持
H11	企业对经济环境的管理能力(转化能力)与企业绩效呈正向影响	支持
H12	企业对政治环境的管理能力(转化能力)与企业绩效呈正向影响	支持
H13	企业对法律环境的管理能力(转化能力)与企业绩效呈正向影响	不支持
H14	企业对技术环境的管理能力(转化能力)与企业绩效呈正向影响	支持
H15	企业对社会文化环境的管理能力(转化能力)与企业绩效呈正向影响	支持
H16	企业对社会道德环境的管理能力(转化能力)与企业绩效呈正向影响	支持
H2	企业对运营环境的管理能力(转化能力)与企业绩效呈正向影响	支持
H21	企业对供应商环境的管理能力(转化能力)与企业绩效呈正向影响	支持
H22	企业对竞争者环境的管理能力(转化能力)与企业绩效呈正向影响	支持
H23	企业对消费者环境的管理能力(转化能力)与企业绩效呈正向影响	支持
H24	企业对劳动力市场的管理能力(转化能力)与企业绩效呈正向影响	支持
H25	企业对自身资源环境及资源市场的管理能力(转化能力)与企业绩效呈正向影响	支持

第四节　结果讨论

围绕本书所研究的问题，即在企业对环境的管理能力与企业绩效之间所存在的关联性问题，在理论分析与实地调研的基础上，本书提出了企业环境管理能力（转化能力）与企业绩效关系的研究的概念模型。具体来说，本书认为企业环境可分为可控环境和不可控环境两大类，而每个企业可控环境和不可控环境数量的总和是恒定的。因此，企业可以通过自身努力有效地管理环境要素的手段从而减少不可控环境的数量进而提高可控环境的数量，从而提高企业的绩效降低企业的经营风险。本书以 222 家企业为样本，通过大样本实证研究，本章对第四章提出的理论假设进行了实证验证。研究结果表明，上述概念模型基本通过验证，企业环境管理能力对企业绩效存在显著的关联性影响。接下来，本书将对以上结果进行进一步的讨论分析。

一　企业环境管理能力（转化能力）与企业绩效的关联性讨论

前文的实证检验说明，企业环境的管理能力对企业绩效存在着显著的正向影响。从企业环境管理能力对企业绩效的影响的实证检验结果来看，企业背景环境的管理能力（转化能力）与企业绩效呈正相关影响；企业运营环境的管理能力（转化能力）也与企业绩效呈正相关影响。从而验证了企业环境管理能力（转化能力）与企业绩效之间是存在正相关性影响的。这也就从实证的角度证明了本书研究的重点，即企业的这种将不可控环境转化成可控环境的能力是可以改变企业的经营绩效的，是可以提高企业的盈利水平的；反之，企业为了提高自身的经营绩效和盈利水平，也有必要从自身不可控与可控环境要素的分析入手，提高企业自身管理环境、改变环境的能力，从而减少企业的不可控环境。

从理论上来说，企业对背景环境的管理能力（转化能力）与企业绩效呈正相关影响；企业对运营环境的管理能力（转化能力）与企业绩效呈正相关影响可以说明企业环境管理能力（转化能力）与企业绩效呈正向影响。但是是否能证明企业背景环境中的环境要素的管理能力（转化能力）及企业运营环境中的环境要素的管理能力（转化能力）都和企业绩效有着正向的影响呢？因此，本书在两个基本假设都得到验证的情况下又分别验证了背景环境及运营环境各个要素管理能力与企业绩效关系的影响情况。

二 企业背景环境管理能力（转化能力）子假设与企业绩效的关联性讨论

企业背景环境管理能力（转化能力）对企业绩效有显著的正向影响，已得到了实证检验。但是，对于企业背景环境中各个环境要素的管理能力（转化能力）和企业绩效存在正向影响吗？或者说，企业绩效是否和企业背景环境中各个环境子要素相关呢？本书接下来探讨企业背景环境管理中各个环境要素的管理能力（转化能力）与企业绩效间的相互关系。

从实证结果来看，企业对背景环境管理能力（转化能力）与企业绩效呈正向影响；企业对经济环境的管理能力（转化能力）与企业绩效呈正向影响；企业对政治环境的管理能力（转化能力）与企业绩效呈正向影响；企业对技术环境的管理能力（转化能力）与企业绩效呈正向影响；企业对社会文化环境的管理能力（转化能力）与企业绩效呈正向影响；企业对社会道德环境的管理能力（转化能力）与企业绩效呈正向影响的假设都得到了实证检验的支持。但是，企业对法律环境的管理能力（转化能力）与企业绩效呈正向影响的假设没有得到实证检验的支持。

从理论上来说，企业背景环境中除法律环境管理能力外的企业环境要素管理能力都和企业绩效呈正向相关影响是在预期中的。但企业对法律环境的管理能力（转化能力）与企业绩效呈正向影响没有通过检验也是可以解释的，其检验不显著的原因可能是样本中中小型企业比较多，中小型企业自身能力的特点使其无法通过自身手段对现有的法律环境进行控制性的管理，只能是被动地适应国家制定的相关法律，当然和国家制定相关法律用于约束企业的行为的本质内涵相吻合。因而就解释了企业对法律环境的管理能力（转化能力）与企业绩效的影响不显著原因。

三　企业运营环境管理能力（转化能力）子假设与企业绩效的关联性讨论

从企业运营环境管理能力（转化能力）对企业绩效的实证检验结果来看，企业运营环境管理能力（转化能力）对企业绩效呈正相关，显著性水平均达到了 0.001（详见表 6－1），表明企业运营环境管理能力（转化能力）可以影响企业绩效，是企业绩效的重要影响因素。

再从企业运营环境子环境要素的管理能力与企业绩效的关系来看，实证结果表明企业对供应商环境的管理能力（转化能力）与企业绩效呈正向影响；企业对竞争者环境的管理能力（转化能力）与企业绩效呈正向影响；企业对消费者环境的管理能力（转化能力）与企业绩效呈正向影响；企业对劳动力市场的管理能力（转化能力）与企业绩效呈正向影响；企业对自身资源环境及资源市场的管理能力（转化能力）与企业绩效呈正向影响的各个假设都得到了实证的检验，说明企业运营环境中各个环境要素的管理能力（转化能力）都可以提供企业的经营绩效，提高企业的盈利水平。

总体来说，企业的运营环境即企业在生产运作过程中接触最密切的环境，不同的企业背景环境也许可能相同，但运营环境却是不可能相同的。运营环境中的每一个环境要素都和企业密切相关，如何减少运营环境要素中的不可控因素并提高运营环境中的可控因素进而提高企业的绩效？如何提高运营环境中每一个环境要素的管理能力？这也是本书接下来将要继续研究的方向。

第五节　本章小结

本章为实证分析，对第四章提出的研究假设进行了检验。首先，从结构方程模型分析模型本身、模型拟合结果及讨论；其次，从数据结果入手对研究假设逐一进行检验；最后，对模型的研究结果进行总结性的分析与讨论。

从假设的结果来看，两个大的基本假设中，企业背景环境管理能力（转化能力）与企业绩效呈正向影响；企业运营环境管理能力（转化能力）与企业绩效呈正向影响的假设都得到了验证。为了验证背景环境及运营环境中各个环境要素的管理能力（转化能力）是否对企业绩效产生影响，本书验证了相关环境要素管理能力（转化能力）与企业绩效的关系，除一个假设不被支持外，其余都通过了检验。

那么，对于以上的实证检验结果企业中是否能得到一个有效的印证呢？本书下一章节就将通过实际企业真实案例的研究，来检验企业是如何通过对自身环境的管理能力（转化能力）影响企业绩效的。

第七章　案例分析

第一节　案例研究设计

一　案例研究概述

案例研究（Case Study Method）是把案例作为研究的对象，通过案例的解读、分析和理性思考，启迪新思想和新理念，获取新理论和新方法，与实验、问卷调研等并列为主要的社会科学研究方法。案例研究常常是在理论主张（理论假设）的指导下进行数据收集和分析，因此应该保持一种灵活开放的态度，充分让数据说明先前所采取的理论主张能否确立和是否要修正。案例研究虽然作为一种越来越被广泛运用于管理学领域的研究方法，但仍存在许多争议，尤其对其定义，学者就有各自不同的看法，详见表 7-1。

表 7-1 案例研究概念汇总

概念	定义	来源
案例研究	强调总的场景或所有因素的组合,描述现象发生的事件过程或事件结果,在大环境底下对个体行为进行研究与分析并形成假设	肖(Shaw,1927)
	认为案例研究是用来阐明和支持命题和规则的方法,而不是归纳出新的解说	贝纳德(Bernard,1928)
	用于当前资料或数据,并得出归纳性的普遍结论	吉(Gee,1950)
	是一种对特殊事件进行系统研究的方法	尼斯贝特(Nisbet,1978)
	是一种经验主义的探究,它研究现实生活背景中的暂时现象,在这样一种研究情景中,现象本身与背景之间的界限不明显,所以大量运用事例证据来展开研究	罗伯特·K. 殷(Robert K. Yin,1984)
	是一组研究方法的笼统术语,这种方法着眼于一个事件的研究	阿德尔曼(Adleman,1997)

所以,虽然该方法在其结论的普遍性上缺乏适用性,但其仍是学术界一种重要的研究手段,是一种系统的研究方法。在《案例研究:设计与方法》一书中,罗伯特·K. 殷详细阐述了案例研究方法的深层次含义。[①] 罗伯特通过从案例研究方法的适合运用的范围和技术方面对其进行鉴定,认为案例研究方法属于实证研究方法,并且明确了这一结论。

选用案例研究作为本书的研究方法主要基于以下几个方面的考虑。首先,"环境管理能力"的概念在学术界并没有一个统一的认识,运用案例研究方法可以对现实企业中的具体现象进行分析,可以避免由于概念的模糊性而造成理解上的困扰。其次,企业是环境的产物,在一个不断发展和变化的环境中,企业就需要不断地对自己的组织方式、组织文化及组织制

① 罗伯特·K. 殷:《案例研究:设计与方法》,重庆大学出版社 2004 年版,第 16 页。

度进行创新。通过案例研究，可以真实地看到企业怎样适应不断变化的环境并培养自己对环境的管理能力。

二　案例资料收集的要点

根据案例研究的方法，需要在研究内容的基础上对选取的企业进行多层面的研究，以便获取企业最全面的信息来验证研究结论。因此，本书选取的两个对环境比较敏感的行业中的企业进行个案研究，采取了以下几个步骤。

首先，通过网络相关报道收集一些该企业及该行业的相关信息，了解其基本的情况。

其次，通过实地调研或访谈，深入地了解该企业的详细信息。在这个过程中，尽可能多地接触该公司的各个层次的员工，以便获得更为真实的资料。

最后，把收集到的资料进行整理，针对存在的问题及不清楚的地方找到公司的相关负责人进行咨询，以确保资料的有效性并能体现出该企业环境管理能力对企业绩效的影响。

第二节　公司案例分析与讨论[①]

一　A 公司简介

A 公司成立于 1984 年，1998 年成为中国第一批上市企业，进入房地产、工业加工领域。然后经过多元化扩张，到 1991 年年底该公司的业务已

① 应企业要求，本书中企业名称全部隐去，用字母代替企业名字。

经包括进出口、零售、房地产、投资、影视、广告、饮料、印刷、加工、电气工程及其他等十三大类，战线高峰时曾经覆盖了38个城市，参股企业30多家，投资额过亿元。从1991年开始，公司相继在全国13个城市投资房地产项目，开发品种涉及住宅、写字楼、商铺、酒店等。1993年起公司从多元化向专业化转型，大力进行房地产投资，至1995年，房地产业务利润比重占到了75%以上。1996年开始，公司卖掉了所属的几家与房地产毫无关联的企业。几年时间，所属的企业从最多时期的105家，减少到30家，涉足的行业从18个减少到2个。此后，公司在住宅开发领域一路狂奔，迅速壮大并确立起自己的市场领导者地位。

二 A公司环境分析

房地产行业是一个高利润的行业，但是随着环境的变化和政策的调整，将面临更加复杂的市场环境。环境因素是决定企业规模从而决定企业增长极限的最重要因素之一，因此，判断一个企业有没有未来增长潜力的时候，必须考虑企业无法控制的外部环境因素。A公司面对的环境主要有以下几个方面。

（一）产业环境

商品房2012年的销售面积总量为111304万平方米，比2011年增长了1.8个百分点，增幅比1—11月回落0.6个百分点，相比2011年减少了2.6个百分点；住宅的销售面积比2011年增长了2个百分点，办公楼的销售面积比2011年增长了12.4个百分点，商业营业用房的销售面积相比2011年减少了1.4个百分点。商品房的销售总额为64456亿元，同比2011年增长10个百分点，增速比1—11月提高了0.9个百分点，比2011年回落1.1个百分点；其中，住宅的销售总额增长了10.9个百分点，办公楼的销售总额增长12.2个百分点，商业营业用房的销售总额增长4.8个百分点。以上数据表明，房地产行业发展一直在加快，呈现出了产销两旺的势头，市场需求比较旺盛，人们改善自身居住环境的愿望十分强烈。同时，很多客户还认可了房地产的投资属性，将购房作为一种资产保值增值的手段，这些都为房地产行业的继续发展打下了基础。但是目前的房地产市场也存在着产业结构不合理、房价上涨过快、部分企业与客户投机心理严重等影响产业长远发展的问题。

（二）宏观环境

房地产是一个对环境非常敏感的行业，国家的经济政策会影响甚至决定产业的发展及走向。房地产市场经历了一轮又一轮的疯狂之后，2010 年中国房地产政策已由此前的支持转向抑制投机，遏制房价过快上涨，并且先后采取了土地、金融、税收等多种调控手段。2010 年 4 月，国家出台了《国务院关于坚决遏制部分城市房价过快上涨的通知》。2011 年 1 月，国务院办公厅又宣布了《国务院办公厅关于进一步做好房地产市场调控任务的有关成绩的公告》，要求将第二套房的房贷首付从原来的不低于 50% 改为不低于 60%。2012 年，随着楼市逐步回暖，房价再现抬升势头，从 6 月开始各级政府一系列针对房地产调控政策的频频表态和举措不断，7 月下旬国务院对楼市开展专项督察，致使各界对政策趋严的预期不断增强。政策风向转向，各地相继释放调控从紧信号，从上海的率先提出第二年继续限购，到山东现房销售试点，共有 13 个省市从紧调控政策的信号和措施。相比与 2011 年、2012 年国家实施的房地产宏观调控政策，2013 年政府调控政策已不再突出强调控制房价上涨和房价回归合理价位，货币政策以稳健为主，同时继续加强调控房地产市场，加强执行限购令的力度，竭力控制市场投资投机性的需求，通过这些政策明确了政府鼓励改良型需求入市。

（三）消费者环境

随着最近几年经济高速发展，年收入 2.5 万美元以上的富裕家庭总数急剧增多，形成强大的购买需求和购买力，而且，从房地产的主流消费者人群年龄结构来看，目前中国 20—60 岁的人口的比重超过了 60%，26—44 岁段人口有 4.2 亿，而这些人口正是房地产消费的主要人群，他们的购买力为市场发展提供了更大的空间和盈利保证。

根据汇丰银行在北京、上海、广州三地的市场调查显示，65% 的受访者认为房地产是最受欢迎的投资，远高于内地股票及人民币定期存款，65% 及 26% 的受访者分别拥有两套和三套房产。说明人们对于房地产的理财功能和投资属性是普遍比较认同的。我国的城市化水平已经提高到了 47%，每年有数千万农村人口进入城市，每年带来超过 2 亿平方米的居住需求，而与发达国家 80% 的城市化率相比，中国的差距仍然巨大，预计城市化率会以每年 1% 的速度持续增长，这意味着我国的房地产行业还会迎来很长的黄金时代。

三　A 公司对环境管理现状

一是在宏观环境管理方面，面对国家严厉的调控政策，市场需求的萎缩，A 公司依托自己的建筑设计研究院的独特优势，针对不同的区域特性和气候特点推出众多具有很强地域性的产品，这种将超前的设计理念与本土的环境特征相结合的做法使得公司的产品具有很强的竞争力。目前，公司已经形成了众多全国知名的产品系列，这些产品线相互补充，互相支撑，涵盖了不同收入层次和年龄的客户群的各种需求，从专门针对首次置业的小户型到面对高端人群的别墅豪宅，专门针对老年人群的老年公寓产品一应俱全，在不同的细分市场上具有很强的竞争优势。目前，公司除了在产品户型和面积上进行优化以外，还推出了精装修的产品。后期的开发产品中，也基本将精装修产品贯穿始终。有了产品还需要实效的营销战略，如今的房地产市场已经从价格竞争，产品竞争转入品牌竞争阶段。品牌是企业产品或服务区别于其他竞争者的关键，是企业制胜市场的利器。公司对营销的投入和客户需求的研究也成就了 A 公司的行业地位。

二是对消费者的环境管理方面，公司认为客户是永远的伙伴，客户是稀缺资源，是公司生存下去的基本，因此，公司对客户满意度十分关注，并围绕提升客户满意度做了大量的投入。公司本着“我们 1% 的失误，对于客户而言就是 100% 的损失”的理念已经建立起了比较完善的客户消费行为研究体系，以及专业的物业管理和客户服务体系，得益于这些专业化的研究和实践，2012 年公司的客户忠诚度高达 90%，而且在这些老客户当中不仅形成了很好的口碑，还降低了寻找新客户的成本，因为公司每年有超过 30% 的销量来自老业主再次购买或推荐购买。这些都与公司重视消费者的环境管理有直接的关系。

三是对自身技术的环境管理方面，面对市面上普遍销售的是毛坯房的情况下，公司率先推出精装房的概念。精装修产品对于开发商的资源整合和质量管控要求更高，但是统一施工对于环境的污染更小，能通过完善的施工技术加强品质监控，通过标准化的流程体系和全产品交付，让客户省去装修过程中的烦恼，一推出市面就收到消费者的好评，其影响甚广，使得精装房成为未来房地产交房的标准。公司在这方面的管理创新使得自身处于主导的领先地位，占得先机。

四是对经济环境的管理方面，近年来，国家大力推进保障房建设，进一步挤压了开发商的市场空间。除了限购和货币金融政策的调控外，国家也在积极推进保障房计划，2011 年就已经开工建设了 1000 万套保障性住房（表 7－2），未来 5 年，国家将新建保障性住房 3600 万套，住房保障率将会达到 20%。市场的需求是推动业绩上升的直接动力，但是由于 2012

年全国房地产开发和销售情况显示，2012 年，房地产开发企业的房屋施工面积总量为 573418 万平方米，比 2011 年增长 13.2 个百分点，增速比 1—11 月回落 0.1 个百分点；住宅的施工面积总量为 428964 万平方米，比 2011 年增长 10.6 个百分点。房屋的新开工面积总量为 177334 万平方米，比 2011 年回落 7.3 个百分点，降幅比 1—11 月扩大 0.1 个百分点；其中，住宅的新开工面积总量为 130695 万平方米，比 2011 年减少 11.2 个百分点。房屋竣工面积的总量为 99425 万平方米，比 2011 年增长 7.3 个百分点，增速比 1—11 月回落 6.8 个百分点；其中，住宅竣工面积的总量为 79043 万平方米，比 2011 年增长 6.4 个百分点。在巨大的存量房的压力下，企业还要面对政府重磅推出的保障房的压力，这无疑将会分流很大一部分客户。因此，公司将保障房的建设作为一个新的业务机遇，利用自身的规模优势和资金实力，切入保障房市场的开发和建设中，与商品房市场形成互补，将市场空间进行延伸。毕竟除了中央和地方政府投资外，8000 亿元的保障房社会资金的缺口，开发商如果积极投入其中，能够获得不少的利润空间。这样，公司通过自己的资源整合很好地规避了国家宏观调控对公司的影响，并且能够把威胁转变为机遇，给公司带来新的绩效。

表 7－2　　1000 万套保障房资金安排

<table>
<tr><th>房屋类型</th><th>套数</th><th>资金需求</th><th>融资渠道</th><th>总计</th></tr>
<tr><td>廉租房</td><td>160 万套</td><td rowspan="2">3000 亿元</td><td rowspan="2">中央资金约 630 亿元（已支付 350 亿元）</td><td rowspan="4">1000 万套完成，则总共需求高达 1.3 万亿元，其中中央资金 1030 亿元，地方资金约 4000 亿元（包括租金货币补贴、无偿划拨土地的价值）、社会资金 8000 亿元（包括开发商、社保基金、保险资金等）</td></tr>
<tr><td>公租房</td><td>220 万套</td></tr>
<tr><td>棚户区改造</td><td>400 万套</td><td>5000 亿元</td><td>中央资金 400 亿元＋资方资金约 1200 亿元＋社会资金 3400 亿元</td></tr>
<tr><td>两限房和经济适用房</td><td>200 万套</td><td>5000 亿元</td><td>中央资金与社会资金相结合</td></tr>
</table>

数据来源：《经济观察报》。

四　A 公司的环境管理绩效

一是采取纵向一体化战略，提高企业产品竞争力。该公司处于房地产行业的领导者地位，其资金实力毋庸置疑。但是，房地产行业与其他行业不同，其产品有着很强的特殊性，该行业产业链长、开发周期长、施工环节多、质量不好把控，为了解决在地产开发中随着规模扩大带来的管理问题，公司分清了影响利润产出和运营效率的主要业务与辅助业务，并且将管理中至关重要的几个环节由公司进行把握和控制，而将一些技术含量低，且利润产出较少的环节加以外包，这样不仅增强了自己的行业竞争力，而且提升了公司的管理效率和运作质量。公司还成立了建筑设计研究院，培养自己的建筑设计师队伍。当企业规模小的时候，项目不多就可以直接交给其他建筑设计院或设计公司来做，但是当公司规模逐步扩大时，对建筑设计的专业化程度会日益提高，建筑设计成为体现项目品质的重要一环，同时，成立自己的建筑设计研究院还有利于产品的创新和设计效率，形成自己的产品设计体系和竞争力。所以，公司成立了自己的建筑设计研究，由专业建筑师进行产品的研发和创新，提高了公司应对环境变化的能力，使得公司的绩效更加的稳定。2012 年，公司在这方面的节约开支将近三成。

二是公司辅助业务的优化，达到了降低成本的目的。如随着精装房业务的扩大，公司日益意识到建筑材料质量的重要性，因此公司选择一些在业界很有实力的供应商，与他们结成合作伙伴，以固定合作的方式来降低采购成本，实现共赢，也有利于公司更好地发挥规模优势。公司在 2011—2012 年为精装房采购的装修材料金额已超过 50 亿元，与过去各区域各自采购的金额数相比，通过执行标准化和全国性集中采购有望节约成本约 10%。

三是公司内部流程的规范化，该公司总经理说："关于内部流程，我们有一个最底线的标准，就是做简单，而非做复杂；做开放，而非做封闭；做规范，而非做权谋，唯有这样才是长久之计。”由于公司员工意识的不断提高，还有公司对内部流程管理规范化和优化的大力推动，公司员工越来越认可公司的流程化管理。公司运用流程管理，在对以往的管理经验总结和流程的整理的基础上，形成系统的管理体系已初见成效，同时随着公司规模的扩大，项目的逐渐增加，给公司的管理加大了难度，但是因为流程管理体系在事前进行了系统的规范设计，从而使得管理上的混乱得以避免，避免了管理效率因管理的不一致性而引起的下降。

五 A 公司案例的结论与启示

A 公司成立近 20 多年来，中国的经济及房地产市场经过了持续、快速的发展阶段。面对现阶段市场环境和企业内部环境的变化，房地产行业大规模快速增长的黄金时代已经过去，传统的利润获取方式将越来越困难。各大房地产公司都在调整自己的经营方式，公司经营的关键有内外部环境因素，外部环境包括经济、社会、文化等各个方面，内部因素包括企业文化、技能、组织结构、竞争方式等，外部环境因素是客观的、不可控的，但是内部环境因素是可控的。所以 A 公司通过整合自己内部资源来达到提高环境管理能力的目的以提高对现今激烈竞争市场的适应力并创造持久的竞争力。尤其是面对目前日益严峻的政策调控，有很多的中小开发商企业面临资金链断裂的风险，但是 A 公司通过自身产品的优越性很好地规避了该风险。所以，公司对环境管理能力的提升很好地保证了企业的绩效平稳增长。

第三节　本章小结

本章主要以一家具有代表性的企业的实地调研访谈和案例研究为例，分析和研究企业在发展与成长过程中的企业环境管理行为对企业绩效影响问题。通过这家企业在发展过程中的实际情况，来说明企业对环境的管理能力与企业绩效间的相关性影响。

第八章　研究结论与展望

本章是在前面章节研究的基础上对前文的研究结论做出的一个总结。首先，对本书前面第六、七章所得出的研究结论做一个总结和归纳；其次，根据前面章节所得出的研究结论提出相应的政策建议与研究的启示；最后，阐述了本书研究的不足与研究的局限性，并对本书未来值得研究的问题做出一个展望。

第一节　主要研究结论

本书所要研究的问题，即在企业环境管理能力（转化能力）与企业绩效之间所存在的关联性问题，在借鉴国内外文献的基础上，通过理论演绎与分析，并辅以实地调研与访谈、问卷调查与分析后，提出了企业环境管理能力（转化能力）对企业绩效关系的影响研究的概念模型。具体来说，本书认为根据相关理论研究可以把企业环境分为可控环境和不可控环境两个方面，并基于一个基本的假设前提（即对每一个企业来说其所面对的环境总量是一样的这样一个基本的假设前提）的基础上，定义本书主要研究概念“企业环境管理能力”，并构建了企业环境管理能力（转化能力）与企业绩效间关系的模型。研究了企业背景环境要素、企业运营环境要素及各子环境要素管理能力对企业经营绩效的相互影响关系。

本书以222家企业为样本，通过大样本实证研究，对第四章提出的理论假设进行了实证验证。研究结果表明，上述概念模型基本通过验证，除企业法律环境管理能力（转化能力）对企业绩效没有显著影响外，其余假设均存在显著的关联性影响。最后本书还通过对有代表性的企业进行的访谈与案例研究印证了实证部分所得到的部分研究结果，即从企业环境管理能力与企业绩效之间是存在正向的关联性影响的。这就为我国企业主动寻求对自身内外部环境的有效管理提供了良好的理论与现实的依据，也为我国政府在制定宏观政策时提供了必要的信息。围绕本研究的基本问题，本书得到如下重要研究结论。

第一，环境对企业绩效产生直接或间接的影响，企业可通过对企业环境的有效管理，提高环境的可控程度，从而提高企业绩效。

企业环境能够对企业的经营绩效产生影响，这一点已经被事实多次证明。正如美国次贷危机影响了全球的金融市场进而引起的一连串连锁反应，使得许多企业纷纷破产倒闭，这些都是环境影响企业对企业绩效产生直接或间接影响的证明。但目前理论界和企业界对企业与环境关系的认识都普遍存在着理论上的偏差。例如，企业对环境变化无能为力的观点、环境不可控的观点及被动适应环境的观点等，由此也导致了企业生产实践活动中的误区，如过度依赖政府，完全指望政府为企业创造良好的经营发展环境等。这些都会影响企业对环境管理的主动性和创造性，有碍于企业的发展。所以，本书通过对已有文献的研究，提出了企业环境管理能力与企业绩效的关系理论模型，运用实证的分析方法检验说明了企业可以通过对自身环境的有效管理提高企业可控环境所占比例从而提高企业绩效，并通过对有代表性企业的高层访谈和案例分析进一步认识到了企业对环境管理能力的高低对提高企业绩效的重要性。

从本书的研究结果表明，环境可以对企业绩效产生直接或间接的影响，但企业可通过对企业环境的有效管理，提高企业内外部环境的可控制程度，从而提高企业的经营绩效。这种企业环境管理方式对提高企业在运营过程中的决策与执行能力，适应与控制环境的能力、进而提高企业的生产经营绩效都有着非常重要的理论与现实意义。也使企业完成从之前的被动适应政府，或行业组织为其经营发展营造的宏观不可控环境转变为企业凭借自身主动对环境的管理和创造出有利于企业自身发展的微观可控环境的角色上来。

第二，企业背景环境及企业运营环境管理能力均和企业绩效呈正相关影响。

从企业环境管理能力对企业绩效的影响实证检验结果来看，企业背景环境的管理能力（转化能力）与企业绩效呈正相关影响；企业运营环境的管理能力（转化能力）也与企业绩效呈正相关影响。从而验证了企业环境管理能力（转化能力）与企业绩效之间是存在正相关性影响的。这也就从实证的角度证明了本书研究的重点，即企业的这种把不可控环境转化成可控环境的能力是可以改变企业的经营绩效的，是可以提高企业的盈利水平的；而反过来说企业为了提高自身的经营绩效和盈利水平，也有必要从自身不可控与可控环境要素的分析入手，提高企业自身管理环境、改变环境的能力，从而减少企业的不可控环境要素部分，提高企业可控环境要素部分，进而提高企业的绩效。

第三，企业环境管理能力的各个子环境要素中除企业法律环境管理能力与企业绩效间关系呈正向影响没有得到检验外，其余子环境要素的管理能力均和企业绩效呈正向相关影响。

从实证结果来看，企业对背景环境管理能力（转化能力）与企业绩效呈正向影响；企业对经济环境的管理能力（转化能力）与企业绩效呈正向影响；企业对政治环境的管理能力（转化能力）与企业绩效呈正向影响；企业对技术环境的管理能力（转化能力）与企业绩效呈正向影响；企业对社会文化环境的管理能力（转化能力）与企业绩效呈正向影响；企业对社会道德环境的管理能力（转化能力）与企业绩效呈正向影响；企业对供应商环境的管理能力（转化能力）与企业绩效呈正向影响；企业对竞争者环境的管理能力（转化能力）与企业绩效呈正向影响；企业对消费者环境的管理能力（转化能力）与企业绩效呈正向影响；企业对劳动力市场的管理能力（转化能力）与企业绩效呈正向影响；企业对自身资源环境及资源市场的管理能力（转化能力）与企业绩效呈正向影响的各个假设都得到了实证的检验。但是企业对法律环境的管理能力（转化能力）与企业绩效呈正向影响的假设没有得到实证检验的支持。

从理论上来说，企业背景环境中除法律环境管理能力外的企业环境要素管理能力都和企业绩效呈正向相关影响是在预期中的。但企业对法律环境的管理能力（转化能力）与企业绩效呈正向影响没有通过检验也是可以解释的，其检验不显著的原因应该也是必然的，企业无法通过自身手段对现有的法律环境进行控制性的管理，只能是被动适应国家制定的相关法律，这和国家制定相关法律用于约束企业的行为的本质内涵相吻合。因而就解释了企业对法律环境的管理能力（转化能力）与企业绩效的影响不显著原因。

因此，总结本书的研究结论为：首先，企业与环境之间不再是之前普遍认为的被动适应和完全不可控的，企业应当从这种观念中转变过来。研究发现企业可以凭借自身的努力对自身所面对的内外部环境进行有效的管理，把企业的不可控环境变成可控环境，创造出适合企业生产经营发展的新环境，从而为企业绩效的提高带来直接或间接的影响。其次，我国的政府和相关行业组织也必须认识到企业宏观不可控环境与企业自身所面对的微观可控环境之间的区别，从之前的政府与相关行业组织被动为企业经营发展营造宏观环境的角色基础上，转变为引导企业主动管理和创造自身发展所需的可控微观环境的方向上来。

第二节 研究启示和建议

研究企业的发展历程时，我们会发现企业是市场环境的产物，市场环境对企业的影响是决定性的，所以企业必须具备的第一种能力就是适应环境与管理环境的能力。如果企业不具备这样的能力，它就不可能获得成功，即使侥幸成功了，这样的成功也不具有时间或空间上的复制能力，也就是说这样的成功是有限的、短暂的。当企业拥有高水平的环境适应能力的时候，它不仅可以对市场环境的变化做出及时和准确的反应，而且这样的企业还能够从变化了的环境中发现新的商业机会，自然而然，它们也能够创造性地利用这些商业机会来获得利益（这是就是所谓的对环境管理能力）。通过本书的研究，更好地证明了企业环境管理能力对企业绩效的重要性，对于如何在现实操作中，企业能够更好地培育企业的环境管理能力，本书有如下几点建议。

第一，把市场环境管理起来。企业应当把市场环境纳入企业的管理范畴，通过积极了解、客观评估、策略应对、积极利用等过程或环节，可以正确地认识和把握环境，提高环境管理能力，使企业不仅能利用环境、适应环境，而且能控制环境、实现环境的创新。企业通过必要的组织和制度安排，实现对市场环境的管理，但需要注意的是，对市场环境的管理要想有效，就必须在观念上重视起来，要给予足够的资源支持，而且整个管理的过程和环节要完整，否则就有可能会变成走过场。

第二，让企业系统保持开放。企业应当让自己的组织系统，包括制度、结构、文化及技术体系，都能够保持高水平的开放状态，这样企业才能够及时地与市场环境交换信息、知识与能量，才能够及时地感知环境的变化。同时，企业还应当让自己的系统保持足够的灵活性和弹性，使其能够对环境的变化做出准确和恰当的反应，并且可以有足够的协调变化的能力，可以调整和改变自己以适应环境的要求。系统理论研究认为，一个系统只有处于开放状态，能够及时地与环境交流信息和能量，这个系统才可以保持平衡及健康状态。企业应当具有更加合理的组织结构及制度安排，能够保证企业与市场环境之间的交流，包括信息、知识、资源及人的相互交流。

淡化企业的边界意识，强调开放的组织文化；让组织的结构更具有灵活性；保持制度有效性的同时，让企业制度更具有弹性；赋予企业体系更大的创造或调整空间，使它有足够的能力在环境发生变化以后能够迅速做出反应，并且可以保持企业组织的平衡等。这样的开放状态和交流不仅可以保证企业组织能够及时地感知市场的变化，而且可以使企业保持足够的健康和活力。

第三，正确把握企业环境的特点。企业环境是非常复杂的，企业应当站在发展的角度，应当超越具体的产品或服务来进行把握。同时企业还要善于透过具体的市场现象来发现这些现象背后的规律，也要能够通过一些偶然性的市场问题来把握市场的必然性，这是企业环境适应能力中最为重要的能力之一。一般来说，企业对环境的认识和把握越是准确，企业就越是能够做出正确的反应，企业在新的市场环境中成功的可能性也就越大。企业要善于从自己的独特能力出发，来重新审视企业环境，通过对企业策略和行为及企业能力的创新，使企业能够形成新的特点和能力，创造性地满足新的市场环境的要求。如果企业能够在正确理解和把握企业环境的基础上，积极主动地对企业进行创新，使企业能够发展出具有前瞻性和战略意义的优势和能力，就一定可以在未来的市场上具有更强大的竞争优势，这样的企业无疑就可以获得更大和持续的成功。

第四，积极主动地利用环境。企业环境的变化不仅意味着优胜劣汰，意味着新的市场挑战，更意味着新的商业机会和新的商业利益。因此企业应当善于从企业环境的变化中发现这样的机会和价值，积极和主动地调整、改变自己，通过培养自己新的优势和能力，最大限度地利用和把握这样的机会，在获取商业利益的同时，使它们成为企业发展和成功的新阶梯。对平庸的企业来说，变化会意味着挑战和威胁，而对于那些具有成功能力的企业来说，这样的市场变化不仅是使淘汰竞争对手的机会，是市场洗牌的机会，是进步和发展的机会，更是成功的机会。

第三节　研究局限和未来研究方向

一　本书研究的不足之处

由于本书从企业环境理论与企业能力理论相结合的角度探究企业环境管理能力对企业绩效影响的研究更多属于一种探索性质的研究，难免存在一些不足之处，主要不足之处有以下几点。

第一，本书在研究时，由于缺乏企业环境及企业能力相结合的企业环境管理能力研究的相关文献，也缺乏条件对实际问题进行大规模的深入调研，故在设计企业环境管理能力（转化能力）测量量表时，有关企业环境管理能力的子环境要素的管理能力的题项成熟量表较少，且由于调研数据采集过程中的结构性问题导致在进行因子分析时有些题项被删除，因此对于研究准确性可能会有一些影响。这是本书存在的最大不足之处，也是今后值得研究的课题。

第二，本书还无力对样本进行随机抽样，只能通过笔者的社会资源收集样本。由于受样本抽样与容量的限制，可能导致本书分析结论存在一定的片面性和局限性。如关于企业绩效的测评维度中，由于样本本身的限制，因子分析时删除得只剩下 5 个指标，最终只能抽取 1 个因子，因而不得不将企业绩效当成单维度指标来处理，没有达到设计的初衷。

第三，本书在分析企业对环境管理能力的维度及指标的构建时，只是从背景环境能力及运营环境管理能力这两个维度来构建，没有具体到对环境管理能力维度的细节，尤其是在企业背景环境及企业运营环境的管理能力的题项设计上，很难准确表达出企业的这种环境转化能力，即在环境总量唯一的情况下，企业不可控环境转化为可控环境的手段及方法的测量，这也是本书在研究过程中的不足之处，也是今后需要进一步进行细化研究的地方。

二 未来的研究方向

企业环境的研究永远是一个永恒的话题，由于环境自身的特点决定了研究企业环境的复杂性。所以迄今为止没有形成一个对企业环境整个系统运作规律的综合性研究。所有研究都是建立在对环境一个完整系统的割裂或缩小的方法上进行的。

因此，本书利用企业环境理论的相关研究成果并结合企业能力理论的最新研究成果，研究了企业环境的管理能力与企业绩效的相互作用机理。在研究相关理论的基础上把企业环境分为可控环境和不可控环境两个方面，并基于一个基本的假设前提（即对每一个企业来说其所面对的环境总量是一样的这样一个基本的假设前提）的基础上，定义本书的主要研究概念“企业环境管理能力”，即企业把自身所面对环境中的不可控环境部分通过自身的管理转化为可控环境部分的一种能力。也正是在这种假设及理论支持的前提下，本书研究了企业环境中的背景环境及运营环境中的不可控环境部分与可控环境部分的转化能力与企业绩效间的相互关系，并进一步研究了背景环境及运营环境中的各个子环境要素的管理能力（转化能力）与企业绩效间的相互关系。但是，本书认为研究工作并没有就此终结，而应该只是刚刚开始，依照现有的研究思路，下一步的研究也就是未来的研究重点，应该分别研究与讨论企业环境中的各个子环境要素的管理能力如何提升的问题。例如，企业如何提升自身的政治环境管理能力？如何把政治环境中众多不可控环境要素变成可控环境要素？哪些手段或方法是对于企业提升其政治环境管理能力具有可操作性及通用性？企业应该如何根据自身特点设计提升其政治环境管理能力等。这些也都是未来需要研究的方向。

综上所述，本书的研究只是研究的基础与初探，对于研究本身来说也只是证明了企业环境管理能力与企业绩效的正向影响关系。而下一步的研究是就环境要素单独研究哪些手段或方法对企业提升环境管理能力具有可操作性及通用性，最后就是站在前面这些大量研究工作的基础上，总结归纳出企业如何根据自身特点设计出适合自身特点的提升环境管理能力的手段与方法，具有普遍的实用性价值。

附录1　调查问卷

企业环境管理能力与企业绩效相互关系的研究调查问卷

尊敬的公司领导或技术负责人：

您好！

此项调查的目的是研究企业环境管理能力与企业绩效相互关系，请您自由回答问题。从您提供的信息中，无法认出您是谁。您的个人信息不会被泄露。请您在百忙之中协助我们完成这份问卷的填写。您的意见和答案将为本研究提供非常重要的帮助。

该问卷可能需要您花几分钟时间来填写。请您在没有打扰的情况下回答以下问题。另外，在每一个问题上不要用太长的时间，第一想法就是您最好的答案！

即使涉及的内容不完全适用您的工作，也不要遗漏不答。您的完整回答对于获取全面信息十分关键，也对得出合理的研究结论非常重要。

希望您愉快地完成这份问卷。感谢您腾出时间来帮助我们！您对这个项目还有什么需要了解的，请与作者（手机：1357 **** 531 或 E-mail：

jiao3 **** @ hotmail. com）取得联系。

再次感谢您的大力支持与帮助！

敬祝宏图大展！事业蒸蒸日上！

武汉大学经济与管理学院

论文指导教师：赵锡斌 教授

博士研究生：黄仕佼

敬上

如果您需要研究结果，请留下您的通信地址或 E-mail：

通信地址： 邮编：

收件人姓名： E-mail：

填答提示：★请贵公司领导或者技术负责人帮助填写此表。

★您在选择时，请在认同的“□”或数字处打“√”，

如您在电脑上直接选择，请直接点击数字前的“□”。

公司或企业的基本信息

1. 贵公司或企业所在区域：□东部沿海地区 □中部地区

□西部地区 □东北部地区

2. 贵公司或企业的经营性质：□国有及国有控股企业 □民营企业

□外商投资企业

3. 贵公司或企业规模：□100 人及以下 □101—300 人 □301—1000 人

□1001—3000 人 □3000 人以上

4. 贵公司或企业的经营年限：□不足 2 年 □2—5 年 □6—10 年

□11—15 年 □15 年以上

5. 您在贵公司或企业的职位：□高层管理者 □中层管理者

□基层管理者　□一般员工

6. 贵公司或企业所属行业：□采矿业　□制造业　□电力
□建筑　□信息　□金融
□房地产　□交通运输　□其他

7. 您的联系方式（可不填）：

根据贵公司的实际符合程度打分，并点击数字前的“□”。1 表示“完全不符合”，7 表示“完全符合”。从 1 到 7 符合的程度逐渐增加。

企业背景环境管理能力的测量

调查项目　完全不符合——→完全符合

1. 企业通过与行业、中介组织等的沟通或结成联盟创造有利于企业经济发展的环境。

□1　□2　□3　□4　□5　□6　□7

2. 企业建立了行业环境变化的预警机制。

□1　□2　□3　□4　□5　□6　□7

3. 企业通过对未来经济发展状况的分析，影响或改变企业的投资或贸易规划，创造有利于企业发展的环境。

□1　□2　□3　□4　□5　□6　□7

4. 企业建立了行业环境变化的应急机制，能对环境变化做出及时响应。

□1　□2　□3　□4　□5　□6　□7

5. 企业通过与政府的沟通，影响或改变现有政策与法律法规等，创造有利于企业发展的环境。

□1　□2　□3　□4　□5　□6　□7

6. 国家节能减排与环境保护政策的出台未导致企业成本迅速上升。

□1　□2　□3　□4　□5　□6　□7

7. 企业通过创新内部环境，以适应或驾驭外部政策环境变化。

□1 □2 □3 □4 □5 □6 □7

8. 公司与当地政府关系和谐，能在政府的支持下获取长期发展的资本。

□1 □2 □3 □4 □5 □6 □7

9. 公司能够在政府那里争取优惠与便利的政策促进企业发展。

□1 □2 □3 □4 □5 □6 □7

10. 企业在技术更新速度速度上十分迅速。

□1 □2 □3 □4 □5 □6 □7

11. 最近三年来，本公司通常以突破性的技术创新而知名。

□1 □2 □3 □4 □5 □6 □7

12. 公司能创造性地整合利用各种知识与技术。

□1 □2 □3 □4 □5 □6 □7

13. 公司有依市场需求对产品进行改良的能力。

□1 □2 □3 □4 □5 □6 □7

14. 公司有对生产工艺进行改良的能力。

□1 □2 □3 □4 □5 □6 □7

15. 企业经常参与专业学术会议或展览会。

□1 □2 □3 □4 □5 □6 □7

16. 企业经常会通过各种手段宣传自身的文化。

□1 □2 □3 □4 □5 □6 □7

17. 企业创建了有利于创新的企业文化。

□1 □2 □3 □4 □5 □6 □7

18. 企业具有鼓励创新的氛围，建立了有利于创新的激励机制。

□1 □2 □3 □4 □5 □6 □7

19. 企业非常注重产品的健康、安全标准与管制要求。

□1 □2 □3 □4 □5 □6 □7

20. 企业经常参加各种公益活动。

□1 □2 □3 □4 □5 □6 □7

21. 企业会定期安排专项资金用于社会各种公益事业的捐赠活动。

□1 □2 □3 □4 □5 □6 □7

企业运营环境管理能力的测量

1. 企业通过建立与供应商、经销商等的合作关系创造有利于企业发展的环境。

□1 □2 □3 □4 □5 □6 □7

2. 企业通过上下游企业的收购与兼并，创造有利于企业发展的环境。

□1 □2 □3 □4 □5 □6 □7

3. 公司能够为供应商提供高水平支持的能力。

□1 □2 □3 □4 □5 □6 □7

4. 公司为供应商业务增加价值的能力强。

□1 □2 □3 □4 □5 □6 □7

5. 最近三年来，本公司通常先于竞争对手利用新技术来开拓和占领新市场。

□1 □2 □3 □4 □5 □6 □7

6. 企业通过技术、管理、组织等创新活动，产生了社会影响或示范效应，创造了有利于企业发展的竞争环境。

□1 □2 □3 □4 □5 □6 □7

7. 企业有专门的人员或部门负责竞争对手情况的分析，定期对企业未来的竞争环境做出专业的预测。

□1 □2 □3 □4 □5 □6 □7

8. 企业总能依据消费者需求的变换，迅速开发出新产品满足消费者新的需求。

□1 □2 □3 □4 □5 □6 □7

9. 公司引进了较多的市场营销人才，对消费者的消费需求与习惯进行预测性的研究。

□1 □2 □3 □4 □5 □6 □7

10. 公司具有开发新产品、丰富新产品的能力，使消费者习惯新产品，创造新的消费需求。

□1 □2 □3 □4 □5 □6 □7

11. 公司开发并执行广告计划的能力较强，能适时引导消费者习惯。

□1 □2 □3 □4 □5 □6 □7

12. 企业注重员工培训、学习与知识、信息的共享，提高员工的工作技能。

□1 □2 □3 □4 □5 □6 □7

13. 公司为员工提供了更多的培训和再学习的机会。

□1 □2 □3 □4 □5 □6 □7

14. 公司为吸引人才提供了更为优厚的待遇和发展机会。

□1 □2 □3 □4 □5 □6 □7

15. 新《劳动法》的出台未对公司的生产经营活动产生不良的影响。

□1 □2 □3 □4 □5 □6 □7

16. 公司雇用了一大批高级人才，提升公司的创新能力。

□1 □2 □3 □4 □5 □6 □7

17. 企业注重管理团队、人际关系与工作方式变革，创造有利于企业发展的环境。

□1 □2 □3 □4 □5 □6 □7

18. 企业建立同媒体、公众、社区等的良好关系，创造有利于企业发展的企业资源环境。

□1 □2 □3 □4 □5 □6 □7

19. 公司具有组合企业经济活动范围，获取价值链上新的价值的能力。

□1 □2 □3 □4 □5 □6 □7

20. 公司使用定价技巧对产品市场变化做出反应的能力较强。

□1　□2　□3　□4　□5　□6　□7

21. 公司利用资源市场研究信息的能力较强。

□1　□2　□3　□4　□5　□6　□7

企业绩效的测量与评估

调查项目　完全不符合——→完全符合

1. 与同行业平均水平比，企业的利润率较高。

□1　□2　□3　□4　□5　□6　□7

2. 与同行业平均水平比，企业的资产回报率较高。

□1　□2　□3　□4　□5　□6　□7

3. 与同行业平均水平比，企业的投资收益率较高。

□1　□2　□3　□4　□5　□6　□7

4. 与同行业平均水平比，企业的市场份额与竞争力较高。

□1　□2　□3　□4　□5　□6　□7

5. 与同行业平均水平比，企业的技术创新能力较强。

□1　□2　□3　□4　□5　□6　□7

6. 与同行业平均水平比，企业的营销能力较强。

□1　□2　□3　□4　□5　□6　□7

7. 您在本企业工作的满意程度较高。

□1　□2　□3　□4　□5　□6　□7

本问卷到此结束，非常感谢你抽空填写。

附录2　样本数据基本统计概要

变量名称	均 值	均值的标准误	标准差	偏 度	偏度的标准误	峰 度	峰度的标准误	极小值	极大值
所在区域	1. 8063	0. 06707	0. 99926	0. 974	0. 163	-0. 262	0. 325	1. 00	4. 00
企业性质	1. 7432	0. 04244	0. 63233	0. 268	0. 163	-0. 648	0. 325	1. 00	3. 00
企业规模	2. 1667	0. 08925	1. 32984	0. 692	0. 163	-0. 796	0. 325	1. 00	5. 00
企业年限	2. 9730	0. 07444	1. 10907	-0. 027	0. 163	-0. 884	0. 325	1. 00	5. 00
所在职位	2. 4685	0. 04762	0. 70960	0. 496	0. 163	-0. 142	0. 325	1. 00	4. 00
所属行业	3. 8874	0. 11912	1. 77487	-0. 347	0. 163	-1. 468	0. 325	1. 00	6. 00
Ent - Eco1	4. 1081	0. 10848	1. 61638	-0. 469	0. 163	-1. 132	0. 325	1. 00	7. 00
Ent - Eco2	3. 5180	0. 10942	1. 63035	0. 195	0. 163	-1. 377	0. 325	1. 00	6. 00
Ent - Eco3	3. 8378	0. 09642	1. 43669	0. 325	0. 163	-1. 262	0. 325	2. 00	6. 00
Ent - Eco4	3. 7387	0. 09961	1. 48423	-0. 272	0. 163	-0. 682	0. 325	1. 00	6. 00
Ent - Law1	3. 1892	0. 11059	1. 64778	0. 165	0. 163	-1. 189	0. 325	1. 00	6. 00
Ent - Law2	2. 2432	0. 09629	1. 43465	1. 096	0. 163	0. 502	0. 325	1. 00	7. 00
Ent - Pol1	4. 5090	0. 09091	1. 35453	-0. 036	0. 163	-0. 653	0. 325	2. 00	7. 00
Ent - Pol2	4. 9144	0. 08747	1. 30327	-0. 162	0. 163	-1. 266	0. 325	3. 00	7. 00
Ent - Pol3	3. 7748	0. 10401	1. 54969	-0. 097	0. 163	-1. 099	0. 325	1. 00	7. 00
Ent - Tec1	3. 1892	0. 09007	1. 34207	0. 466	0. 163	-0. 855	0. 325	1. 00	6. 00

续　表

变量名称	均 值	均值的标准误	标准差	偏 度	偏度的标准误	峰 度	峰度的标准误	极小值	极大值
Ent - Tec2	2. 1126	0. 08351	1. 24433	1. 079	0. 163	0. 182	0. 325	1. 00	5. 00
Ent - Tec3	3. 8874	0. 07338	1. 09335	-0. 215	0. 163	-1. 274	0. 325	2. 00	6. 00
Ent - Tec4	4. 4685	0. 08746	1. 30311	-0. 525	0. 163	-0. 855	0. 325	2. 00	6. 00
Ent - Tec5	4. 7342	0. 09718	1. 44792	-0. 231	0. 163	-1. 063	0. 325	2. 00	7. 00
Ent - Cul1	3. 0000	0. 11773	1. 75412	1. 030	0. 163	0. 340	0. 325	1. 00	7. 00
Ent - Cul2	4. 8874	0. 08941	1. 33214	-0. 024	0. 163	-1. 270	0. 325	3. 00	7. 00
Ent - Cul3	4. 3829	0. 06392	0. 95238	-0. 041	0. 163	-0. 986	0. 325	3. 00	6. 00
Ent - Cul4	4. 8198	0. 07646	1. 13917	-0. 438	0. 163	-1. 242	0. 325	3. 00	6. 00
Ent - Mor1	5. 5225	0. 09090	1. 35438	-0. 980	0. 163	0. 606	0. 325	2. 00	7. 00
Ent - Mor2	2. 6712	0. 08063	1. 20142	0. 310	0. 163	-0. 631	0. 325	1. 00	5. 00
Ent - Mor3	1. 7117	0. 04682	. 69760	0. 462	0. 163	-0. 873	0. 325	1. 00	3. 00
Ent - Sup1	4. 7432	0. 06326	. 94262	-0. 578	0. 163	-0. 500	0. 325	3. 00	6. 00
Ent - Sup2	3. 3063	0. 10483	1. 56195	0. 616	0. 163	-0. 654	0. 325	1. 00	6. 00
Ent - Sup3	5. 0586	0. 08663	1. 29083	-0. 008	0. 163	-0. 907	0. 325	3. 00	7. 00
Ent - Sup4	4. 9279	0. 06830	1. 01760	0. 405	0. 163	-0. 501	0. 325	3. 00	7. 00
Ent - Com1	2. 7793	0. 08078	1. 20366	0. 574	0. 163	-0. 838	0. 325	1. 00	5. 00
Ent - Com2	2. 5045	0. 06658	0. 99204	0. 226	0. 163	0. 002	0. 325	1. 00	5. 00
Ent - Com3	3. 7477	0. 08636	1. 28668	0. 224	0. 163	-1. 031	0. 325	2. 00	6. 00
Ent - Con1	4. 8514	0. 05923	0. 88244	-0. 621	0. 163	0. 198	0. 325	3. 00	7. 00
Ent - Con2	5. 2703	0. 06053	0. 90194	-0. 225	0. 163	-1. 193	0. 325	4. 00	7. 00
Ent - Con3	4. 8423	0. 05843	0. 87054	-0. 602	0. 163	1. 404	0. 325	2. 00	7. 00
Ent - Con4	4. 4054	0. 07217	1. 07525	0. 149	0. 163	-1. 147	0. 325	3. 00	7. 00

续 表

变量名称	均 值	均值的标准误	标准差	偏 度	偏度的标准误	峰 度	峰度的标准误	极小值	极大值
Ent - Lab1	3. 7973	0. 08024	1. 19554	0. 398	0. 163	-1. 003	0. 325	2. 00	6. 00
Ent - Lab2	3. 7432	0. 08329	1. 24101	0. 513	0. 163	-0. 885	0. 325	2. 00	6. 00
Ent - Lab3	5. 3784	0. 05346	0. 79653	-0. 354	0. 163	0. 959	0. 325	3. 00	7. 00
Ent - Lab4	4. 9144	0. 10229	1. 52413	-0. 195	0. 163	-1. 503	0. 325	2. 00	7. 00
Ent - Res1	4. 5090	0. 06987	1. 04097	-0. 170	0. 163	-1. 159	0. 325	3. 00	6. 00
Ent - Res2	3. 9505	0. 09937	1. 48058	0. 077	0. 163	-1. 163	0. 325	1. 00	6. 00
Ent - Res3	4. 9685	0. 07234	1. 07791	0. 216	0. 163	-0. 854	0. 325	3. 00	7. 00
Ent - Res4	4. 3559	0. 08433	1. 25645	-0. 588	0. 163	-0. 817	0. 325	2. 00	6. 00
Ent - Res5	4. 9279	0. 08335	1. 24189	-0. 177	0. 163	-0. 934	0. 325	3. 00	7. 00
Ent - Res6	5. 7432	0. 04612	0. 68720	0. 382	0. 163	-0. 860	0. 325	5. 00	7. 00
Ent - Per1	3. 4505	0. 08138	1. 21259	0. 293	0. 163	-1. 160	0. 325	1. 00	6. 00
Ent - Per2	3. 9189	0. 06582	0. 98067	0. 164	0. 163	-1. 229	0. 325	2. 00	6. 00
Ent - Per3	3. 7387	0. 06770	1. 00867	0. 090	0. 163	-0. 939	0. 325	2. 00	6. 00
Ent - Per4	2. 6982	0. 09106	1. 35670	0. 639	0. 163	-0. 817	0. 325	1. 00	5. 00
Ent - Per5	3. 3604	0. 08997	1. 34058	0. 364	0. 163	-1. 343	0. 325	2. 00	6. 00
Ent - Per6	4. 1892	0. 08177	1. 21836	-0. 262	0. 163	-0. 923	0. 325	2. 00	6. 00
Ent - Per7	4. 3243	0. 05278	0. 78633	0. 033	0. 163	-0. 478	0. 325	3. 00	6. 00

参考文献

英文文献：

[1] A. Carmeli. High-and Low-Performance Firms：Do They Have Different Profiles of Perceived Core Intangible Resources and Business Environment? *Technovation*. 2001，21.

[2] David Aboody and Baruch Lev. The Value Relevance of Intangibles：The Case of Software Capitalization. *Journal of Accounting Research*，Vol. 36，Supplement，1998.

[3] Ahmed Riahi-Belkaoui. Intellectual Capital and Firm Performance of US Multinational Firms. *Journal of Intellectual Capital*，2003，4(2).

[4] Aldag R. J. and Stearns T. M. *Management*，Cincinnati：South-Western Publishing，1991.

[5] Aldrich，H. E.，*Organizations and Environments*. Englewood Cliffs. NJ：Prentice-Hall. NJ. New Edition Published in Chapel Hill，NC，1979.

[6] Antonicic，H. H. Network-based Research in Entrepreneurship：A Critical Review. *Journal of Business Venturing*，2001 (16).

[7] Aokimasahi Harayama Yuko. Industry-University Cooperation to Take on Here from. *Research Institute of Economy*，*Trade and Industry*，2002 (4).

[8] Aragon-Correa，J. and Sharma，S. A Contingent Resource-Based View

of Proactive Corporate Environmental Strategy. *Academy of Management Review*, 2003(28).

[9] B. L. Kirkman, K. B. Lowe, and C. B. Gibson, A quarter of a century of culture's consequences: A Review Old Empirical Research Incorporating Hofstede's Cultural Values Framework. *Journal of International Business*, 2006, 37.

[10] Bagozzi R. P. and Yi Y. On the Evaluation of Structural Equation Models, *Journal of the Academy of Marketing Science*, 1988, Vol. 16, No. 1.

[11] Barney J. B., Film Resources and Sustained Competitive Advantage. *Journal of Management*, 1991.

[12] Jay B. Barney, Douglas, Lowell W. Busenitz, and James O. Fiet D. Moesel, The Substitution of Bonding for Monitoring in Venture Capitalists' Relations with High Technology Enterprises. *Journal of High Technology Management Research*, 1996, 7(1).

[13] G. E. Battese and T. J. Coelli. A Model for Technical Inefficiency Effects in a Stochastic Frontier Production Function for Panel Data. *Empirical Economics*, 1995 (20).

[14] Becker M. C. Organizational Routines: a Review of the Litcrature. *Industrial and Corporate Change*, 2004, 13(4).

[15] Gay S. Becker, Theory of Competition Among Pressure Groups for Political Influence. *Quarterly Journal of Economics*, 1983(3).

[16] Jean J. Boddewyn and Brewer, T. International Business Political Behavior: New Theoretical Directions. Academy of Management Review, 1994(19).

[17] Bontis, N. Intellectual Capital: an exploratory study that develops

measures and models, *Magement Decision*, 1998, 36(2).

[18] Bontis, N., Keow, W. C. C., Richardson, S. Intellectual Capital and Business Performance in Malaysian industries, *Journal of Intellectual Capital*, 2000, 1(1).

[19] Bourgeois L. J. Strategy and environment: A conceptual integration, *The Academy of Management Review*, Vol. 5, No. 1, 1980.

[20] Bourgeois, L. J. 1985. Strategic goals, perceived uncertainty, and economic performance in volatile environments. *Academy of Management Journal*, 28.

[21] Brenna, N., Connell, B. Intellectual Capital: current issues and policy implications, *Journal of Intellectual Capital*, 2000, 1.

[22] Breschi, S. The geography of innovation: a cross-sector analysis. *Regional Studies*, 2000.

[23] Brumbrach. *Performance Management*. London: The Cronwell Press, 1988.

[24] Brush, Chaganti. Businesses without glamours An analysis of resources on performance by size and age in small service and retail firms. *Journal of Business Venturing*, 1988. 14.

[25] Buchanan, J., Tollison, R. and Tullock, G. *Toward a theory of a rent seeking society*. College Station, TX: Texas A and M University Press, 1980.

[26] Campbell J. P., Mc Cloy R. A., Oppler S. H., Ssger C. E., *A Theory of Performance*, 1993.

[27] Castellsm, P Hall., *Technopoles of the world-the making of twenty-first-century industrial complexes*. London and New York: Routledge, 1994.

[28] Cepeda, G. and Vera, D. Dynamic capabilities and operational capabilities: a knowledge management perspective. *Journal of Business Research*, 2007 (60) .

[29] Charnes A. , Cooper. W. W. , Rhodes E. Measuring the Efficiency of Decision Making Units. *Europeans Journal of Operational Research*, 1978, 2 (6) .

[30] Claver E. , LopezMD. , Molina JF. et al. Environmental Management and firm Performance: A Case Study. *Journal of Environmental Management*, 2007, 84(4) .

[31] Collins D. J. Research Note: How Valuable are Organizational Capabilities. *Strategic Management Journal*, 1994, 15.

[32] De Brentani, U. , Success and Failure in New York Industrial Services, *Journal of Product Innovation Management*, 1989.

[33] Dillman D. A. , *Mail and Internet surveys: The total design method.* New York, Wiley. 2000.

[34] Douglas, D. , *Corporate political activity as a competitive strategy: Influencing public policy to increase firm performance.* PH. D. Thesis, Texas A and M University, 1995.

[35] Draulans J. , DeMan A. E. , Volberda, H. W. Building alliance capability: management techniques for superior alliance performance. *Long Range Planning*, 2003, 36(2) .

[36] Duncan, Robert B. , Characteristics of perceived Environments and Perceived Envionmental Uncertainty. *Asministrative Science Quarterly*, 1972. 17.

[37] Furman J. L. , M. E. Porter and S. Stern. The determinants of national innovation capacity. *Research Poilcy*, 2002(31) .

[38] Getz, K. A. Research in corporate political action: integration and assessment. *Business and Society*, 1997, 36(1).

[39] Goll, R., Johnson, N. B., Rasheed, A. A., Knowledge Capability, Strategic Chance, and Firm Performance: The Moderating Role of the Environment. *Management Decision*, 2007 Vol. 45 No. 2, 2007.

[40] Gray, W. D. The nature and processing of errors in interactive behavior. *Cognitive Science*, 24(2).

[41] Grier, B., Munger, C. and Roberts, C. The determinations of industry political activity, 1978—1986. *The American Political Science Review*, 1994, 88 (4).

[42] Hamel and Heene. *Competence-based competition*, John Wiley and Sons Ltd., 1994.

[43] Hawley, Amos H., Human Ecology, David L., Sills (ed.), *International Encyclopedia of the Social Sciences*, New York: Macmillan, 1968.

[44] Hodge B. J. and Johnson H. J. *Management and organizational behavior: A multidimensional approach*, Wiley. 1970.

[45] Hooley, Graham, John Fahy, Gordon Greenley, Jozsef Beracs, Krzysztof Fonfara and Boris Snoj. Market Orientation in the Service Sector of the Transition Economies of Central Europe, *European Journal of Marketing*, 37(1/2).

[46] J. E. Schrempp, 1999, The word in 1999, Neighbours across the pond, *The Economist Publications.*

[47] James F. Moore. Predators and Prey A New Ecology of Competition. *Harvard Business Review*, 3, 1993.

[48] Jantunen A. et a1. Entrepreneurial Orientation, Dynamic Capabilities and International Performance. *Journal of International Entreneurship*, 2005 (3) .

[49] Jeffrey Pfeffer and Gerald R Salancik, *The Extemal Control of Organizations A Resource Dependence Perspective*. New York Harper & Row. 1978.

[50] Jens Horbach. Determinants of environmental innovation-new evidence from German panel data sources. *Research Policy*, 2008, 37.

[51] Jianwen(Jon) Liao, Jill R. Kickul, and Hao Ma. Organizational Dynamic Capability and Innovation: An Empirical Examination of Internet Firms. *Journal of Small Business Management*, 2009, 47(3) .

[52] JinChen, ZhaoHui Zhu, Hong Yuan Xie. Measuring Intellectual Capital: a new model and empirical study, *Journal of Intellectual Capital*, 2004, 5(1) .

[53] John Chikl, *Organizational Structure*, *Environment and Performance the Role of Strategie Choice*. Sociology. 6. 1972.

[54] Kemp R. , Arundel A. , Smith K. *Survey indicators for environment innovation*. Paper Presented to Conference Towards Environmental Innovation Systems in Garmisch Partenkirchen, 2002.

[55] KlassenR. D. MeLaughlinC. P. The Impaet of Environmental Management on Firm Performance. *Management Seienee*. 1996. 42.

[56] Kohn, Jonathan W. , McGinnis, Michael A. , Kesava, Praveen K. , Organizational Environment and Logistics Strategy: an Empirical Study, *International Journal of Physical Distribution and Logistics Management*, 20, 2(1990) .

[57] Kreiser, P. M. , Marino, L. D. and Weaver, K. M. Assessing the Psy-

chometric Properties of the Entrepreneurial Orientation Scale: A Multi-Country Analysis, *Entrepreneurship Theory and Practice*, 2002. 26(4) .

[58] Kwasi Amoako-Gyampah, *The relationships among selected business environment factors and manufacturing strategy: insights from an emerging economy*, Omega 31(2003) .

[59] Lavie, D. Capability reconfiguration: an analysis of incumbent responses to technological change. *Academy of Management Review*, 2006, 31.

[60] Leonard-Barton . How to integrate work and deepen expertise, *Harvard Business Review*, Sept. Oct. , 1994.

[61] Linda F. Edelmana, Candida G. Brush, Tatiana Manolovac, Co-alignment in the resource-performance relationship: strategy as mediator. *Journal of Business Venturing*, 2005, 20.

[62] Linda F. Edelmana, Candida G. Brush, Tatiana Manolovac, Co-alignment in the resource-performance relationship: strategy as mediator. *Journal of Business Venturing*, 2005, 20.

[63] Lorsh, J. W. , Morse, J. J. , Organizations and Their Members: A Contingency Approach, *Harper & Row*, New York, 1974.

[64] M. A. McGinnis, J. W. Kohn, Logistics strategy, organizational environment and time competitiveness, *Journal of Business Logistics*, Vol. 14, No. 2, 1993.

[65] M. Mar Fuentes-Fuentes, Carlos A. Albacete-Scaez, F. Javier Lloraens-Montes, *The impact of environmental characteristics on TQM principles and organizational performance*, Omega 32(2004) .

[66] Maillat. D. Innovation and new generations of regional polices. *Entre-*

preneurs and Regional Development, 1998 (10).

[67] Marcus Dejardin, Entrepreneurship and economic growth: an obvious conjunction? An introductive survey to specific topics. *Institute for Development Strategies Discussion Paper*, Indiana University, Bloomington, Vol, 8, 2000.

[68] Marketal J. E., Dowling M. J., Megginson WL. Cooperative strategy and new venture performance: the role of business strategy and management experience. *Strategic Management Journal*, 2009, 16(7).

[69] Michael E. Porter, The Five Competitive Forces that Shape Strategy. *Harvard Business Review*, Jan, 2008, Vol. 86 Issue 1.

[70] Michael R. Weeks. Sourcing practices and innovation: evidence from the auto industry on the sourcing relationship as a dynamic capability. *Innovation: management policy and practice*. 2009(11).

[71] Michael T. Hannan and John Freeman, The Poulation Ecology of Organizations. *American Journal of Sociology*, 1977.

[72] Michael, D., *Corporate political strategy and legislative decision making. Business and Society*, 2000, 39(1).

[73] Miles, R. E., Snow, C. C. and Pfeffer. J., Organizational-environment: concepts and issues. *Industrial Relations*, 1974, 13.

[74] Murphy, G. B., Trailer, J. W., and Hill, R. C., Measuring research performance in entrepreneurship. *Journal of Business Research*, 36, 1996.

[75] Nasierowskiw, Arcelus F. J., On the Efficiency of National Innovation Systems. *Socio-Economic Planning Sciences*, 2003 (37).

[76] O. Branzei, I. Vertinsky, Strategic pathways to product innovation capabilities in SMEs, *Journal of Business Venturing*, 21(2006).

[77] OECD. Innovative networks: cooperation in national innovation systems. Paris: OECD, 2001.

[78] OECD. Up-grading knowledge and diffusing technology in a regional context. DT/TDPC, 1999.

[79] Olson, M., *The logic of collective action. Cambridge*, England: Cambridge University Press. 1965.

[80] Osborne, A., Measuring Intellectual Capital: The real value of companies. *The Ohio CPA Journal (October-December)*, 1998.

[81] Oseph Huber. Pioneer countries and the global diffusion of environment innovations; theses from the viewpoint of ecological modernization theory, *Global Environmental Change*, 2008, 4.

[82] Parknhe A. Strategic alliance structuring: a game theoretic and transaction cost examination of interfirm Cooperation, *The Academy of Management Journal*, 1993, Vol. 36, No. 4.

[83] Paul R. Lawrence and Jay W. *Lorsch Organization and environment managing differentiation and integration.* PIX, Boston Mass Harvard Business School Press, 1967.

[84] Pearce J. A. & Robinson R. B. *Strategic management: Strategic formulation and implementation*, AITBS Publishers and Distributors, Delhi. 2003.

[85] Peter T. Ward et al., Business environment, operations strategy, and performance: An empirical study of Singapore manufacturers, *Journal of Operations Management*, 1995, 13.

[86] Podsakoff P. M. and Organ D. W. Self-reports in organizational research: Problems and prospects, *Journal of Management*, 1986, Vol. 12, 4.

[87] R. E. Hoskisson, M. A. Hitt, William. P. Wan and Daphne W. Yiu, 1999, Swings of a Pendulum: Theory and Research in Strategic Management. *Journal of Management*, 25.

[88] Rangone A. A. , Resource-based approach to strategy analysis in small-medium Sized enterprise, *Small Business Economics*, 1999, 12 (3) .

[89] Rebecca and Will . The interactions of organizational and competitive influences on strategy and performance, *Strategic Management Journal*, Vol. 18.

[90] Rehbein, K. and Schuler, D. The firm as a filter: a conceptual framework for corporate political strategies. *Academy of Management Journal*, 1995.

[91] Rosenbloom R. S. , Leadership, Capabilities, and Technological Change: The Transformation of NCR in The Electronic Era. *Strategic Management Journal*, 2000, 21(10—11) .

[92] Ross, J. Ross, G. Dragonetti, N. C. , Edvinsosn, L. *Intellectual Capital: Navigating in the New Business Landscape*, London: Macmillan, 1997.

[93] Rumelt, R. P. , Sehendel, D. , Teece, D. J. , Strategie management and economies. StrategicManagement Journal, *Winter Special Issue*, 1991(12) .

[94] Salamon, L. and Siegfried, J. Economic power and political influence: The impact of industry structure on public policy. *American Political Science Review*, 1977, 71(3) .

[95] Sanchez, Management of Intangibles: An attempt to build a theory, *Journal of Intellectual Capital*, 2000, 1 (4) .

[96] Shrader, Mark Simon, Corporate versus independent new ventures: Resource, strategy and performance differences, *Journal of Business Venturing*, 1997, 12.

[97] Sittimalakorn W, Hart S. Market orientation versus quality orientation: sources of superior business performance. *Journal of Strategic Marketing*, 2004 (12).

[98] Slevin, D. P. and Covin, J. Entrepreneurship as firm behavior. *Advances in Entrepreneurship, Firm Emergence, and Growth*, 2, 1995.

[99] Steiner G. A., *Business, government, and society: A managerial Perspective text and cases*, New York: Random House, 1984.

[100] Sternbrg, R. Innvation networks and regional development. *European Planning Studies*, 2000, 8(4).

[101] Teece, D. and Pisano, G. The dynamic capabilities of firms: an introduction. *Industrial and Corporate Change*, 1994(3).

[102] Teece, DavidJ, Gary Pisano and Amy Shuen. Dynamic capabilities and strategie management. *Strategic Management Journal*, 1997, 18(7).

[103] Tollison, R. Rent seeking: A survey. Kyklos, 1982(35).

[104] Ven de Ven, Andrew H. and Diane L. Ferry, *Measuring and Assessing Organizations*, NY: John Wiley & Sons, 1980.

[105] Venkatraman N. and Ramanujam V., Measuring of business performance in strategy research: A comparison of approaches. *Academy of Management Review*, 1986(11).

[106] W. S. Low and S. M. A Comparison Study of Manufacturing Industry in Taiwan and China: Manager's Perceptions of Environment, Ca-

pability, Strategy and Performance, *Asia Pacific Business Review*, 2006(12).

[107] William P. Wan and Daphne W. Yiu, From Crisis to Opportunity: Environmental Jolt, Corporate Acquisitions, and Firm Performance. *Strategic Management Journal*, Vol. 30, No. 7, Jul., 2009.

[108] Withagen D V. *Innovation and environmental stringency: the case of sulfur dioxide abatement*. Discussion Paper, NO18. Tilburg University, Center for Economic Research, 2005(18).

[109] Yoffie, D., *Corporate strategies for political action: a rational model*. In A. Marcus, Kaufman A. and Beam D. (Ed.), Westport, Connecticut: Quorum Books. 1987.

[110] Zabra S A. Covin JG. Contextual Influences on the Corporate Entrepreneurship performance Relationship: A Longitudinal Analysis. *Journal of Business Venturing*, 1995, 10(1).

[111] Zahirul Hoque, A contingency model of the association between strategy, environmental uncertainty and performance measurement: impact on organizational performance. *International Business Review*, 13(2004).

[112] Zahra S. A. and Covin J. G. Business Strategy, Technology Policy and Firm Performance. *Strategic Management Journal*, 1993, 14(6).

[113] Zahra, S. A. and J. G. Covin, Contextual influences on the corporate entrepreneurship-performance relationship: A longitudinal analysis, *Journal of Business Venturing*, 1995, 10(1).

[114] Zollo, M. and Winter, S. Deliberate learning and the evolution of dynamiccapabilities. *Organization Science*, 2002(13).

中文文献：

[1]［美］戴维·J. 科利斯、辛西娅·A. 蒙哥马利：《公司战略》，机械工业出版社 1998 年版。

[2]［英］安德鲁·坎贝尔、凯瑟琳·萨默：《核心能力战略》，东北财经大学出版社 1999 年版。

[3]［美］彼得·圣吉：《第五项修炼》，上海三联书店 1994 年版。

[4] 曹红军、王以华：《动态环境下企业动态能力培育与提升的路径——基于中国高新技术企业的实证研究》，《中国软科学》2011 年第 1 期。

[5] 陈天祥：《中国地方政府制度创新的动因》，《管理世界》2000 年第 6 期。

[6] 陈晓红、彭子晨：《企业对外部环境满意度的规模差异实证研究》，《经济管理》2008 年第 10 期。

[7] 陈钰芬、陈劲：《开放式创新：机理与模式》，科学出版社 2008 年版。

[8] 陈智勇：《新经济时代企业创新环境分析》，《企业经济》2003 年第 9 期。

[9] 程承坪：《论企业家人力资本与企业绩效关系》，《中国软科学》2001 年第 7 期。

[10] 迟嘉昱、孙翎、童燕军：《企业内外部 IT 能力对绩效的影响机制研究》，《管理学报》2012 年第 1 期。

[11] 杜少平：《社会文化环境与企业管理》，《经营与管理》1989 年第 2 期。

[12] 费显政：《资源依赖学派之组织环境关系理论评介》，《武汉大学学报》（哲学社会科学版）2005 年第 7 期。

[13]［美］弗莱蒙特·E. 卡斯特、詹姆斯·E. 罗森茨韦克：《组织

与管理：系统方法与权变方法》，傅严、李柱流等译，中国社会科学出版社 2000 年版。
[14] 盖文启：《论区域经济发展与区域创新环境》，《学术研究》2002 年第 1 期。
[15] 郭晓丹：《制造业创新选择与环境不确定性（PEU）的关系——基于大连装备制造业的观测与实证》，《东北财经大学学报》2008 年第 4 期。
[16] 贺远琼、田志龙、陈昀：《环境不确定性、企业高层管理者社会资本与企业绩效关系的实证研究》，《管理学报》2008 年第 3 期。
[17] [加拿大] 亨利·明茨伯格、布鲁斯·阿尔斯特兰德、约瑟夫·兰佩尔：《战略历程：纵览战略管理学派》，刘瑞红、徐佳宾、郭武文译，机械工业出版社 2002 年版。
[18] 侯杰泰、温忠麟、成子娟：《结构方程模型及其应用》，教育科学出版社 2004 年版。
[19] 黄苏萍：《企业社会责任、创新和财务绩效》，《北京工商大学学报》（社会科学版）2010 年第 2 期。
[20] 贾宝强：《公司创业视角下企业战略管理理论与实证研究》，博士学位论文，吉林大学，2007 年。
[21] 贾生华、吴波、王承哲：《资源依赖、关系质量对联盟绩效影响的实证研究》，《科学研究》2007 年第 4 期。
[22] 焦豪：《企业动态能力、环境动态性与绩效关系的实证研究》，《中国软科学》2008 年第 4 期。
[23] [美] 卡尔·W. 斯特恩、小乔治·斯托克：《公司战略透视》，波士顿顾问公司译，上海远东出版社 1999 年版。
[24] 李大元：《不确定环境下的企业持续优势：基于战略调适能力的

视角》，博士学位论文，浙江大学，2008 年。

[25] 李汉东、彭新武：《战略管理前沿问题研究：变革与风险——不确定条件下的战略管理》，中国社会科学出版社 2006 年版。

[26] 李怀祖：《管理研究方法论》，西安交通大学出版社 2004 年版。

[27] 李嘉明、黎富兵：《企业智力资本与企业绩效的实证分析》，《重庆大学学报》（自然科学版）2004 年第 12 期。

[28] 李良俊：《企业环境与企业绩效的关系模式探析》，《内蒙古科技与经济》2008 年第 18 期。

[29] 李平、李伟：《环境动态性对经营者持股和公司绩效关系的影响研究》，《湖南大学学报》（社会科学版）2006 年第 6 期。

[30] 李伟、聂鸣、李顺才：《影响技术联盟绩效的企业组织行为特征研究》，《中国软科学》2009 年第 7 期。

[31] 李雪松、司有和、龙勇：《企业环境、知识管理战略与企业绩效的关联性研究——以重庆生物制药行业为例》，《中国软科学》2008 年第 4 期。

[32] 李耀平、杨春玲、孙锐：《营造激励自主创新的宏观环境分析》，《云南科技管理》2008 年第 6 期。

[33] 李正卫：《动态环境下的组织学习与企业绩效》，博士学位论文，浙江大学，2003 年。

[34] [美] 理查德·H. 霍尔：《组织：结构、过程及结果》，张友星等译，上海财经大学出版社 2003 年版。

[35] [美] 理查德·L. 达夫特：《组织理论与设计》，王凤彬、张秀萍等译，清华大学出版社 2003 年版。

[36] [美] W. 理查德·斯格特：《组织理论》（第四版），黄洋等译，华夏出版社 2002 年版。

[37] 刘军、富萍萍、吴维库：《企业环境、领导行为、领导绩效互动

影响分析》，《管理科学学报》2005 年第 5 期。
[38] 刘少武：《关于制度安排对经济增长方式与转变作用的思考》，《管理世界》2000 年第 6 期。
[39] 刘延平：《企业环境与国际竞争力》，《辽宁大学学报》（哲学社会科学版）1995 年第 5 期。
[40] 刘再智：《关于企业环境创新机理、路径与绩效的思考》，《武汉大学学报》（哲学社会科学版）2010 年第 4 期。
[41] [美] 罗伯特·K. 殷：《案例研究：设计与方法》，重庆大学出版社 2004 年版，第 16 页。
[42] [美] 罗伯特·F. 德威利斯：《量表编制：理论与应用》，魏永刚、龙长权、宋武译，重庆大学出版社 2004 年版，第 5 页。
[43] [英] 马克·桑德斯、菲利普·刘易斯、阿德里安·桑希尔：《研究方法教程》，杨晓燕主译，中国对外经济贸易出版社 2004 年版。
[44] [丹麦] 尼古莱·J. 福斯、克里斯第安·克努森：《企业万能面向企业能力理论》，东北财经大学出版社 1998 年版。
[45] 彭尔霞、王为、路军：《企业创新环境危机的原因分析与对策》，《科技与管理》2008 年第 6 期。
[46] [美] 乔治·斯坦纳：《战略规划》，华夏出版社 2001 年版。
[47] 邱皓政、林碧芳：《结构方程模型的原理与应用》，中国轻工业出版社 2009 年版。
[48] [美] 斯蒂芬·P. 罗宾斯：《管理学》（第四版），中国人民大学出版社 1997 年版。
[49] [英] 唐纳德·索尔：《如何提升公司核心竞争力》，企业管理出版社 2000 年版。
[50] 王科、姚志坚：《企业能力理论述评》，《经济学动态》1999 年

第 12 期。

[51] 王毅、陈劲、许庆瑞：《企业核心能力：理论溯源与逻辑结构剖析》，《管理科学学报》2000 年第 3 期。

[52] 王重鸣：《心理学研究法》，人民教育出版社 1990 年版。

[53] 梅里亚姆·韦伯斯特公司：《韦氏词典》，世界图书出版公司 2000 年版。

[54] 吴明隆：《SPSS 统计应用实务》，科学出版社 2003 年版。

[55] 吴文华、汪华：《高科技企业家社会资本影响企业绩效的途径及作用机理》，《科技进步与对策》2009 年第 15 期。

[56] 吴增源：《IT 能力对企业绩效的影响机制研究》，博士学位论文，浙江大学，2007 年。

[57] 席酉民：《企业外部环境分析》，高等教育出版社 2001 年版。

[58] 许红胜、王晓曼：《智力资本、企业能力及财务绩效关系研究——以电力、蒸汽、热水的生产和供应产业为例》，《东南大学学报》（哲学社会科学版）2010 年第 3 期。

[59] 杨栩：《中小企业技术创新系统研究》，科学出版社 2007 年版。

[60] 伊恩·沃辛顿、克里斯·布里顿：《企业环境》，经济管理出版社 2005 年版。

[61] 袁方主编：《社会研究方法教程》，北京大学出版社 1997 年版。

[62] 詹姆斯·汤普森：《行动中的组织——行政理论的社会科学基础》，敬乂嘉译，上海人民出版社 2007 年版。

[63] 张光明、赵锡斌：《企业环境创新：企业的视角》，《技术与创新管理》2012 年第 1 期。

[64] 张维迎：《企业寻求政府支持的收益、成本分析》，《新西部》2001 年第 8 期。

[65] 张莹、张宗益：《区域创新环境对创新绩效影响的实证研究——

以重庆市为例》,《科技管理研究》2009 年。

[66] 赵文红、陈浩然:《企业家导向、企业能力与企业绩效的关系》,《科技进步与对策》2009 年第 4 期。

[67] 赵锡斌:《企业环境创新的理论及应用研究》,《中州学刊》2010 年第 2 期。

[68] 赵锡斌:《深化企业环境研究,提高企业管理水平》,《武汉大学学报》(哲学社会科学版)2005 年第 4 期。

[69] 赵锡斌:《企业环境分析与调适——理论与方法》,中国社会科学出版社 2007 年版。

[70] 赵锡斌:《企业环境研究的几个基本理论问题》,《武汉大学学报》(哲学社会科学版)2004 年第 1 期。

[71] 钟竞、陈松:《外部环境、创新平衡性与组织绩效的实证研究》,《科学与科学技术管理》2007 年第 5 期。

[72] 朱少英、齐二石、徐渝:《企业变革型领导、团队氛围、知识共享与团队创新绩效的关系》,《中国软科学》2008 年第 11 期。